Bahner · Buhr
Hörz · Horstmann
Neumann Wissenschaftlichkeit –
Objektivität – Parteilichkeit

Akademie der Wissenschaften der DDR
Zentralinstitut für Philosophie

Schriften
zur Philosophie und ihrer Geschichte

29

Akademie
der Wissenschaften
der DDR
Zentralinstitut
für Philosophie

Akademie
der Wissenschaften
der DDR
Zentralinstitut
für
Sprachwissenschaft

W. Bahner · M. Buhr ·
H. Hörz · H. Horstmann ·
W. Neumann

Wissenschaftlichkeit – Objektivität – Parteilichkeit

Akademie-Verlag · Berlin
1981

Erschienen im Akademie-Verlag, DDR - 1086 Berlin, Leipziger Str. 3–4

Lizenznummer: 100/245/81
Gesamtherstellung: IV/2/14 VEB Druckerei »Gottfried Wilhelm Leibniz«,
4450 Gräfenhainichen · 5835
Einbandgestaltung: Willi Bellert
Bestellnummer: 7539951 (2178/29) · LSV 0105
Printed in GDR
DDR 8,50 M

Hannes Hörnig zum Sechzigsten

Inhalt

Vorbemerkung

Die folgenden Beiträge zum Thema „Wissenschaftlichkeit – Objektivität – Parteilichkeit“ waren Grundlage eines interdisziplinären Kolloquiums, das das *Zentralinstitut für Philosophie* und das *Zentralinstitut für Sprachwissenschaft* der *Akademie der Wissenschaften der DDR* im Dezember 1980 gemeinsam veranstalteten. Die lebhafte Diskussion auf diesem Kolloquium wurde bei der Vorbereitung der Beiträge zum Druck berücksichtigt.

Die Veröffentlichung der Beiträge erfolgt mit dem Ziel, die für den Erkenntnisfortschritt und die gesellschaftlich-praktische Wirksamkeit aller Wissenschaftsdisziplinen relevante Problematik der Parteilichkeit in Forschung, Lehre und Propaganda konsequent durchzusetzen und als Gegenstand weitergehender und weiterführender Forschungen zu befördern. Dieses Ziel eint die von den Autoren im Anschluß an Marx, Engels und Lenin entwickelten Thesen zum Verhältnis von Wissenschaftlichkeit, Objektivität und Parteilichkeit. Es ist für sie kein bloß immanent wissenschaftliches, sondern ebensosehr ein praktisch-gesellschaftliches. Ausgangspunkt ihrer Ausführungen ist die Feststellung Lenins, daß der Marxismus-Leninismus „strenge und höchste Wissenschaftlichkeit mit revolutionärem Geist vereint, und zwar nicht zufällig, ... sondern innerlich und untrennbar vereint“. Wissenschaft, *wirkliche* Wissenschaft erreicht in diesem „revolutionären Geist“ ihre Erfüllung und steht dadurch im Einklang mit dem gesellschaftlich-historischen Prozeß. Parteilichkeit ist das notwendige Korrelat zu Wissenschaftlichkeit und umgekehrt. Wissenschaftlichkeit ist Bedingung der Parteilichkeit, Parteilichkeit Bedingung der Wissenschaftlichkeit. Der dialektische Zusammenhang beider ist Voraussetzung von gesellschaftlichem und wissenschaftlichem Fortschritt.

Werner Bahner/Manfred Buhr

Manfred Buhr

Wissenschaftlichkeit – Parteilichkeit

I

Gegen Ende seiner Schrift „Die Entwicklung des Sozialismus von der Utopie zur Wissenschaft" hält Engels resümierend fest:

„Diese weltbefreiende Tat (die proletarische Revolution – M. B.) durchzuführen, ist der geschichtliche Beruf des modernen Proletariats. Ihre geschichtlichen Bedingungen, und damit ihre Natur selbst, zu ergründen und so der zur Aktion berufnen, heute unterdrückten Klasse die Bedingungen und die Natur ihrer eignen Aktion zum Bewußtsein zu bringen, ist die Aufgabe des theoretischen Ausdrucks der proletarischen Bewegung, des wissenschaftlichen Sozialismus."[1]

Engels spricht hier ein Grundprinzip des Marxismus-Leninismus an. Denn eines seiner entscheidenden Merkmale ist, daß er „strenge und höchste Wissenschaftlichkeit mit revolutionärem Geist vereint, und zwar nicht zufällig, ... sondern ... innerlich und untrennbar vereint".[2] Diese Einheit von Wissenschaftlichkeit und Parteilichkeit unterscheidet den Marxismus-Leninismus von jeder Form vormarxistischen Denkens (und Handelns). Vor allem aber hebt er sich dadurch grundsätzlich von aller spätbürgerlichen, revisionistischen und sozialreformistischen Ideologie ab. Dabei ist es nicht so, daß der Marxismus-Leninismus nur Wissenschaftlichkeit *und* Parteilichkeit wäre. Die Konjunktion „und" ist zu schwach, die untrennbare Einheit von Wissenschaftlichkeit und Parteilichkeit im Marxismus-Leninismus zum Ausdruck zu bringen. Der Marxismus-Leninismus ist *parteiliche* Wissenschaft bzw. *wissenschaftliche* Parteilichkeit.

In welchem Sinne kann davon gesprochen werden, daß im Marxismus-Leninismus Wissenschaftlichkeit und Parteilichkeit eine untrennbare Einheit bilden?

Die Einheit von Wissenschaftlichkeit und Parteilichkeit ist für den Marxismus-Leninismus kein frommer Wunsch oder gar bloß ein vorgefaßtes Meinen und entsprechendes Vorgehen, sondern ein dialektisches Verhältnis, das seinen zureichenden Grund in objektiv-realen Verhältnissen findet. Der zureichende Grund dieses Verhältnisses ist die welthistorische Mission der Arbeiterklasse – die Aufgabe, die sozialistische Revolution durchzuführen und die kommunistische Gesellschaft

[1] F. Engels, Die Entwicklung des Sozialismus von der Utopie zur Wissenschaft, in: Karl Marx/Friedrich Engels, Werke (im folgenden MEW), Bd. 19, Berlin 1962, S. 228.

[2] W. I. Lenin, Was sind die „Volksfreunde" und wie kämpfen sie gegen die Sozialdemokraten?, in: Werke, Bd. 1, Berlin 1961, S. 334.

aufzubauen. Die Einheit von Wissenschaftlichkeit und Parteilichkeit entspringt so dem Ziel des Befreiungskampfes der Arbeiterklasse, die bisherige Spaltung der Gesellschaft in Klassen aufzuheben, die klassenlose kommunistische Gesellschaft zu errichten. In diesem historischen Prozeß der Gestaltung der klassenlosen kommunistischen Gesellschaft werden die sozialbedingten Erkenntnisschranken aufgehoben, die allem vormarxistischen Denken Beschränkungen auferlegten und woran alle spätbürgerliche Ideologie letztendlich scheitert. Alles nichtmarxistische Denken scheitert an partikulären Klasseninteressen. Es bringt jeweils nur die Interessen einer Klasse zum Ausdruck, die Ausbeuterklasse ist und historisch eine andere Ausbeuterklasse ablöst. Im Gegensatz dazu verkörpert der Marxismus-Leninismus als Theorie jenen welthistorischen Prozeß, der durch das revolutionäre Handeln der Arbeiterklasse die Aufhebung der Spaltung der Gesellschaft in Klassen und damit die Abschaffung der Ausbeutung des Menschen durch den Menschen zum Inhalt hat. Der Marxismus-Leninismus bringt „nur" eine welthistorische Zäsur auf den Begriff. Engels meint diesen Sachverhalt, wenn er betont festhält: „Der moderne Sozialismus ist seinem Inhalte nach zunächst das Erzeugnis der Anschauung, einerseits der in der heutigen Gesellschaft herrschenden Klassengegensätze von Besitzenden und Besitzlosen, Kapitalisten und Lohnarbeitern, andrerseits der in der Produktion herrschenden Anarchie."[3] Und Engels erläutert diesen Satz: „Hiernach erschien jetzt der Sozialismus nicht mehr als zufällige Entdeckung dieses oder jenes genialen Kopfs, sondern als das notwendige Erzeugnis des Kampfes zweier geschichtlich entstandnen Klassen, des Proletariats und der Bourgeoisie. Seine Aufgabe war nicht mehr, ein möglichst vollkommnes System der Gesellschaft zu verfertigen, sondern den geschichtlichen ökonomischen Verlauf zu untersuchen, dem diese Klassen und ihr Widerstreit mit Notwendigkeit entsprungen, und in der dadurch geschaffnen ökonomischen Lage die Mittel zur Lösung des Konflikts zu entdecken."[4] Engels verweist mit Nachdruck auf die objektiv-realen Verhältnisse, aus denen der wissenschaftliche Kommunismus entsprang. Dies gilt für den wissenschaftlichen Kommunismus insgesamt, das heißt: für alle seine Bestandteile, Prinzipien usw. – nicht zuletzt auch für das Prinzip der Einheit von Wissenschaftlichkeit und Parteilichkeit.[5]

II

Die Verwirklichung der welthistorischen Mission der Arbeiterklasse setzt bewußtes, planmäßiges Handeln der Arbeiterklasse und ihrer Verbündeten unter Führung der marxistisch-leninistischen Partei voraus. Die entscheidende Bedingung hierfür

[3] F. Engels, Die Entwicklung des Sozialismus von der Utopie zur Wissenschaft, in: MEW, Bd. 19, a. a. O., S. 189.

[4] Ebenda, S. 208.

[5] Vgl. H. Horstmann, Objektivität, Wissenschaftlichkeit und Parteilichkeit im dialektisch-materialistischen und metaphysischen Denken, in: H. Horstmann (Hrsg.), Denkweise und Weltanschauung. Studien zur weltanschaulichen und methodologischen Funktion der materia-

ist, daß sie in ihren Handlungen die Entwicklungsgesetze der Gesellschaft, der Natur und des Denkens beachtet. Die Arbeiterklasse kann deshalb ihre welthistorische Mission nur erfüllen, wenn sie sich wissenschaftlich *und* parteilich *zugleich* verhält. Das heißt: sie ist parteilich, wenn sie sich wissenschaftlich verhält, und sie geht nur dann wissenschaftlich vor, wenn sie bewußt ihrer historischen Mission nachkommt, also parteilich vorgeht. Auf diesen notwendigen – im objektiv-realen Geschichtsprozeß selber wurzelnden – Zusammenhang gründet sich die Einheit von Wissenschaftlichkeit und Parteilichkeit in der wissenschaftlichen Weltanschauung der Arbeiterklasse, im Marxismus-Leninismus. Dabei ist in dem dialektischen Verhältnis von Wissenschaftlichkeit und Parteilichkeit immer ein *bestimmtes* Denken (Erkennen) und ein *bestimmtes* Handeln (Verhalten) angesprochen und gefordert, das auf die „wirklichen lebendigen Menschen" motivierend wirkt, wirken soll. Denn diese treten „in der Geschichte handelnd" in Erscheinung.[6]

Bevor sich die Menschen also ihre natürliche und gesellschaftliche Umwelt aneignen können (diese gestalten), müssen sie diese erkennen. Dabei ist der Ausgangspunkt, die Grundlage dieser geistigen Aneignung die materielle Produktion. Da alle Produktion zweckgerichtet, auf bestimmte Ziele gerichtet ist, ist alle Produktion zugleich interessenbestimmt. Überhaupt ist eine Veränderung der Wirklichkeit nur möglich, wenn die Menschen bestimmte Ziele ansteuern. Diese Ziele aber werden ihnen durch ihre Interessen vermittelt. Nun kennt der Geschichtsprozeß keine allgemeinmenschlichen Interessen – außer als Phrasen –, sondern nur *Klassen*interessen. Die verschiedenen Klassen in der Geschichte hatten und haben je verschiedene, entgegengesetzte Klasseninteressen. Daraus resultiert, daß sich die verschiedenen Klassen die Wirklichkeit, vor allem die gesellschaftlichen Verhältnisse, verschieden – auf spezifische Art und Weise aneignen. In der spezifischen Art und Weise, sich die Wirklichkeit anzueignen, kommt die Parteilichkeit der verschiedenen Klassen zum Ausdruck.

Gemäß der welthistorischen Mission der Arbeiterklasse, die ja zugleich ihr gesellschaftliches Grundinteresse ist, realisiert sich die Parteilichkeit der Arbeiterklasse auf revolutionäre Art und Weise. Die Arbeiterklasse verhält sich zur Wirklichkeit, vor allem den gesellschaftlichen Verhältnissen gegenüber, verändernd, umgestaltend, eben revolutionär. Daß dies so ist, hängt nicht damit zusammen, wie von seiten bürgerlicher Ideologen immer wieder vorgebracht wird, daß im Marxismus-Leninismus „das Proletariat als Träger des Heilswissens um das Endziel der Geschichte" fungiere[7] und von daher ein „proletarisches Erkenntnismonopol"

listischen Dialektik, Berlin 1981 (Schriften zur Philosophie und ihrer Geschichte 27), S. 15 ff.; auch: H. Steußloff, Erkenntnis und Praxis, Wahrheit und Parteilichkeit, Berlin 1977, Kap. III.

6 F. Engels, Ludwig Feuerbach und der Ausgang der klassischen deutschen Philosophie, in: MEW, Bd. 21, Berlin 1962, S. 290.

7 E. Topitsch, Die Freiheit der Wissenschaft und der politische Auftrag der Universität, Neuwied 1969, S. 62.

errichtet.[8] Der Kampf der Arbeiterklasse gegen die Klasse der Bourgeoisie und ihre Institutionen und Ideologie hat weder ein „Endziel der Geschichte" zum Inhalt, noch wird dieser von der Arbeiterklasse „als Träger des Heilswissens" und unter dem Anspruch eines „proletarischen Erkenntnismonopols" vorangetrieben.

Das alles sind Dinge, die der revolutionären Arbeiterklasse und ihrer wissenschaftlichen Weltanschauung fremd sind. Es sind Erfindungen spätbürgerlicher Ideologen, die auf Grund ihres Klasseninteresses, das zutiefst ahistorisch ist, unfähig sind zu begreifen, worin die Überlegenheit der sozialistischen Ideologie gegenüber allen bürgerlichen Lehren letztendlich und objektiv-real gründet: im Geschichtsprozeß. Bereits in der „Heiligen Familie" haben Marx und Engels unmißverständlich formuliert: „Es handelt sich nicht darum, was dieser oder jener Proletarier oder selbst das ganze Proletariat als Ziel sich einstweilen *vorstellt*. Es handelt sich darum, *was es ist* und was es diesem *Sein* gemäß geschichtlich zu tun gezwungen sein wird. Sein Ziel und seine geschichtliche Aktion ist in seiner eignen Lebenssituation wie in der ganzen Organisation der heutigen bürgerlichen Gesellschaft sinnfällig, unwiderruflich vorgezeichnet."[9] Marx und Engels verweisen an dieser Stelle sehr klar auf die objektiven historischen Bedingungen, die dafür maßgebend sind, daß die Arbeiterklasse in einer ganz bestimmten Richtung handeln muß und auch nur kann: in Richtung auf die Überwindung des Kapitalismus und die Herstellung des Sozialismus.

III

Innerhalb der kapitalistischen Produktionsweise entsteht neben der herrschenden Klasse der Bourgeoisie mit Notwendigkeit die ihr entgegengesetzte Klasse, das Proletariat, ohne die der Kapitalismus nicht funktioniert. Bourgeoisie und Proletariat sind in ihrer unversöhnlichen Gegensätzlichkeit konstitutiv für den Kapitalismus. Der Grundwiderspruch des Kapitalismus hat hier seinen Ursprung: „Produktionsmittel und Produktion sind wesentlich gesellschaftlich geworden. Aber sie werden unterworfen einer Aneignungsform, die die Privatproduktion einzelner zur Voraussetzung hat, wobei also jeder sein eignes Produkt besitzt und zu Markte bringt. Die Produktionsweise wird dieser Aneignungsform unterworfen, obwohl sie deren Voraussetzung aufhebt. In diesem Widerspruch, der der neuen Produktionsweise ihren kapitalistischen Charakter verleiht, *liegt die ganze Kollision der Gegenwart bereits im Keim*."[10] Diese „Kollision der Gegenwart" aufzuheben, ist die weltgeschichtliche Mission der Arbeiterklasse. Aus der kapitalistischen Produktionsweise selber erwächst also die Notwendigkeit ihrer Überwindung, das heißt, die Herstellung von Produktions- und Aneignungsverhältnissen, die in Über-

[8] Ebenda, S. 63.

[9] K. Marx/F. Engels, Die heilige Familie, in: MEW, Bd. 2, Berlin 1957, S. 38.

[10] F. Engels, Die Entwicklung des Sozialismus von der Utopie zur Wissenschaft, in: MEW, Bd. 19, a. a. O., S. 213 f.

einstimmung mit dem gesellschaftlichen Charakter der Produktion stehen. Die Herstellung anderer Produktions- und Aneignungsverhältnisse, nämlich sozialistischer, kann aber nur jene Klasse vollbringen, die der Antipode der letzten Ausbeuterklasse der Geschichte, der Bourgeoisie, ist und die auf Grund ihrer Stellung im Produktionsprozeß den Hauptanteil des materiellen Reichtums der Gesellschaft produziert. Allein in diesem Sinne ist die Arbeiterklasse der Vollzieher einer neuen, höheren Produktionsweise, was darüber hinaus bedeutet, daß sie im Vergleich zu allen anderen Klassen und Schichten innerhalb des Kapitalismus den höchsten Vergesellschaftungsgrad aufweist. Die marxistisch-leninistische These, daß die Arbeiterklasse die fortgeschrittenste und fortschrittlichste Kraft der gesellschaftlichen Entwicklung der Gegenwart ist, ist die Widerspiegelung dieser Tatsache. Die Arbeiterklasse ist das revolutionäre historische Subjekt unserer Epoche. Die welthistorische Mission der Arbeiterklasse und ihre davon abgeleitete Parteilichkeit ist Ausdruck ihrer revolutionären Potenz. Es gibt keine andere gesellschaftliche Klasse oder Schicht in der Gegenwart, die diesen Charakter aufzuweisen hätte.

IV

Nach den Worten Lenins erblickte Marx „den ganzen Wert seiner Theorie darin, daß sie ‚ihrem Wesen nach kritisch und revolutionär' ist. Und diese letztgenannte Eigenschaft ist dem *Marxismus* tatsächlich restlos und unbedingt eigen, weil diese Theorie es sich direkt zur Aufgabe macht, alle Formen des Antagonismus und der Ausbeutung in der modernen Gesellschaft *aufzudecken*, ihre Entwicklung zu verfolgen, ihren vorübergehenden Charakter und die Unvermeidlichkeit ihrer Verwandlung in eine andere Form nachzuweisen *und auf diese Weise dem Proletariat zu dienen, damit es möglichst bald und möglichst leicht jeglicher Ausbeutung ein Ende mache*."[11]

Dergestalt bekennt der Marxismus-Leninismus *offen* und *unverhüllt* seine Parteilichkeit. Ja, er geht davon aus, daß je parteilicher er ist, das heißt: je rücksichtsloser er den Interessen der revolutionären Arbeiterklasse theoretisch Ausdruck verleiht, desto mehr Wissenschaftlichkeit seinen Aussagen zukommt. Voraussetzung wirklicher Wissenschaftlichkeit ist so die konsequente Parteinahme für den Kampf der revolutionären Arbeiterklasse unter Führung der marxistisch-leninistischen Partei.[12] Eine wichtige theoretische Seite dieses Sachverhaltes ist dabei, daß Wissenschaftlichkeit nur auf dem Boden des philosophischen Materialismus möglich ist, und zwar in seiner fortgeschrittensten Gestalt, auf der Grundlage des dialektischen und historischen Materialismus. Nur vom Standpunkt des dialektischen und

[11] W. I. Lenin, Was sind die „Volksfreunde" und wie kämpfen sie gegen die Sozialdemokraten?, in: Werke, Bd. 1. a. a. O., S. 333.

[12] Vgl. H. Klotsch/G. Koch/H. Opitz/H. Schülke, Philosophie der Arbeiterklasse, Berlin 1975, S. 11 ff.

historischen Materialismus aus können die Gesetzmäßigkeiten der gesellschaftlichen Entwicklung ohne idealistische Verhüllungen und Entstellungen, ohne positivistischen Tatsachenfetischismus und daraus folgende Apologetik der Tatsachen aufgedeckt werden. Denn der dialektische und historische Materialismus betrachtet Natur, Gesellschaft und Denken in ihren Zusammenhängen und ihren Beziehungen, in ihrer Bewegung, in ihrem Entstehen und Vergehen. Er hebt aus der Mannigfaltigkeit der Erscheinungen jene hervor, die als Triebkräfte den gesellschaftlichen Fortschritt befördern, in erster Linie jene Klasse, die den Geschichtsprozeß vorantreibt, die die Politik einer gegebenen historischen Situation bestimmt. Lenin stellte deshalb wiederholt klar, daß „der Materialist ... genaue Feststellungen über die gegebene sozialökonomische Formation und die von ihr erzeugten antagonistischen Verhältnisse" trifft und jene Klasse hervorhebt, „die die gegebene Wirtschaftsordnung ‚dirigiert' und dabei in diesen oder jenen Formen Gegenwirkungen der anderen Klassen hervorruft". Deshalb schließt „der Materialismus sozusagen Parteilichkeit in sich" ein, „da er dazu verpflichtet ist, bei jeder Bewertung eines Ereignisses direkt und offen den Standpunkt einer bestimmten Gesellschaftsgruppe einzunehmen".[13]

Es verwundert daher nicht, daß die spätbürgerliche Ideologie ihre Angriffe immer wieder auf den philosophischen Materialismus und die materialistische Dialektik richtet. In diesen Angriffen manifestiert sich ihre Parteilichkeit. Denn sie hängen mit den gesellschaftspolitischen Konsequenzen zusammen, die sich aus dem philosophischen Materialismus und der materialistischen Dialektik ergeben. Rosa Luxemburg machte auf diesen Sachverhalt aufmerksam, wenn sie in ihrer Auseinandersetzung mit Bernstein festhielt: „Und wenn er gegen ‚die Erhebung der materiellen Faktoren zu den omnipotenten Mächten der Entwicklung', gegen die ‚Verachtung des Ideals' in der Sozialdemokratie zu Felde zieht, wenn er dem Idealismus, der Moral das Wort redet, gleichzeitig aber gegen die einzige Quelle der moralischen Wiedergeburt des Proletariats, gegen den revolutionären Klassenkampf, eifert – was tut er im Grunde genommen anders, als der Arbeiterklasse die Quintessenz der Moral der Bourgeoisie: die Aussöhnung mit der bestehenden Ordnung und die Übertragung der Hoffnungen ins Jenseits der sittlichen Vorstellungswelt, predigen? – Indem er endlich gegen die Dialektik seine schärfsten Pfeile richtet, was tut er anderes, als gegen die spezifische Denkweise des aufstrebenden klassenbewußten Proletariats ankämpfen? Gegen das Schwert ankämpfen, das dem Proletariat die Finsternis seiner historischen Zukunft hat durchhauen helfen, gegen die geistige Waffe, womit es, materiell noch im Joch, die Bourgeoisie besiegt, weil es sie ihrer Vergänglichkeit überführt, ihr die Unvermeidlichkeit seines Sieges nachgewiesen, die Revolution im Reiche des Geistes bereits vollzogen hat! Indem Bernstein der Dialektik Valet sagt ..., verfällt er ganz folgerichtig in die historisch bedingte Denkweise der untergehenden Bourgeoisie, eine

13 W.I. Lenin, Der ökonomische Inhalt der Volkstümlerrichtung und die Kritik an ihr in dem Buch des Herrn Struve, in: Werke, Bd. 1, a. a. O., S. 414.

Denkweise, die das getreue geistige Abbild ihres gesellschaftlichen Daseins und ihres politischen Tuns ist."[14]

Im Unterschied zur Arbeiterklasse verhält sich die Bourgeoisie, seit sie ihre progressive Phase hinter sich gelassen hat, mindestens seit dem „Manifest der Kommunistischen Partei", konservativ, beharrend, erhaltend zur gesellschaftlichen Wirklichkeit, das heißt zur kapitalistischen Gesellschaft. Ihre Ideologen sind nicht mehr in der Lage, Grundfragen der gesellschaftlichen Entwicklung, Grundfragen unserer Epoche *perspektivisch* zu denken. Einer ihrer zur Zeit meistdiskutierten Vertreter, K. R. Popper, verkündet als Credo seiner Philosophie, daß er glaube, „wir lebten in der besten Welt, die je existierte".[15] Es ist überflüssig, darauf hinzuweisen, daß Popper mit „der besten Welt, die je existierte" die imperialistische Gesellschaft mit allen ihren Gebrechen meint. Mehr ins Theoretische gewendet formuliert Popper sein Glaubensbekenntnis so: „Ich gebe offen zu, daß ich meinen Rationalismus nicht rational begründen kann. ... er beruht auf einem irrationalen Glauben."[16] Und an anderer Stelle: „Ich möchte es als eine Folge der sokratischen Entdeckung charakterisieren, daß wir nichts wissen, das heißt, unsere Theorien niemals rational rechtfertigen ... und nicht einmal als wahrscheinlich erweisen können."[17] Diese Formulierungen sind keine gelegentlichen Äußerungen der spätbürgerlichen Ideologie, sondern offenbaren ihr Wesen. Die spätbürgerliche Ideologie erniedrigt die Erkenntnisfähigkeit des Menschen, indem sie Erkenntnis in Agnostizismus auslaufen läßt. Sie leugnet den gesellschaftlichen Fortschritt, indem sie den Geschichtsprozeß beim Kapitalismus anhält. Und sie rechtfertigt den Kapitalismus als beste aller möglichen Welten, indem sie den Kommunismus verteufelt.

In der Erniedrigung der Erkenntnisfähigkeit des Menschen, in der Leugnung der Gesetze des Geschichtsprozesses, des gesellschaftlichen Fortschritts und im Antikommunismus realisiert die spätbürgerliche Ideologie ihre Parteilichkeit. Diese ist von anderer Art als die marxistisch-leninistische Parteilichkeit. Deshalb wird von ihr die marxistisch-leninistische *Einheit* von Wissenschaftlichkeit *und* Parteilichkeit heftig angegriffen. Die Parteilichkeit der spätbürgerlichen Ideologie ist eine Parteilichkeit *ohne* Wissenschaftlichkeit. In ihr sinkt Parteilichkeit zu dem herab, was sie nicht sein soll und niemals sein darf: zur Apologetik der bestehenden imperialistischen gesellschaftlichen Verhältnisse. Parteilichkeit hat in der spätbürgerlichen Ideologie keinen zureichenden geschichtlichen Grund mehr. Sie wird zu einer Sache subjektiven Ermessens. Nur von hier aus ist etwa der Satz zu verstehen, den Popper prononciert der marxistisch-leninistischen Einheit von Wissenschaftlichkeit und Parteilichkeit entgegenhält: „Wir können dem Wissenschaft-

[14] R. Luxemburg, Sozialreform oder Revolution?, in: Gesammelte Werke, Bd. 1, Erster Halbband, Berlin 1970, S. 438 f.

[15] Der Positivismusstreit in der deutschen Soziologie, Neuwied und Berlin (West) 1970, S. 141.

[16] K. R. Popper, Utopie und Gewalt, in: Kritischer Rationalismus und Sozialdemokratie, Berlin (West)/Bonn-Bad Godesberg 1975, S. 306.

[17] Der Positivismusstreit in der deutschen Soziologie, a. a. O., S. 122.

ler nicht seine Parteilichkeit rauben, ohne ihm auch seine Menschlichkeit zu rauben."[18] Parteilichkeit bedeutet in diesem Zusammenhang nicht Widerspiegelung eines objektiv-realen Verhältnisses, das sich aus dem Geschichtsprozeß ergibt, sondern vom Subjekt (Individuum) ausgehende „Bewertung" einzelner gesellschaftlicher Erscheinungen auf der Grundlage apologetischer Bestrebungen und postulierter Unerkennbarkeit des gesellschaftlichen Gesamtprozesses (was zusammengehört), in dem es weder Gesetze noch Fortschritt gibt (geben darf).

In der Koppelung von Parteilichkeit und Leugnung des gesellschaftlichen Fortschritts kommt die antikommunistische Stoßrichtung der Parteilichkeit der spätbürgerlichen Ideologie zum Vorschein. Parteilichkeit wird in der spätbürgerlichen Ideologie geradezu zu einem Synonym für Antikommunismus. Und die in diesem Zusammenhang heraufbeschworene Menschlichkeit bedeutet den Rückzug der spätbürgerlichen Ideologie aus der Geschichte. In ihr sieht sie eine Bedrohung der imperialistischen Gesellschaft. Deshalb wird innerhalb der spätbürgerlichen Ideologie immer wieder darauf hingewiesen, daß „das Interesse an der Geschichte durch den gesellschaftlichen Fortschritt", das heißt durch den Hauptinhalt unserer Epoche, den Prozeß des Übergangs vom Kapitalismus zum Kommunismus, „bedroht" sei, es also besser wäre, auf die „denkende Betrachtung der Geschichte", wie Hegel sagte, zu verzichten, und zwar um so mehr, als in der Konsequenz „dieser Bedrohung Geschichte als Waffenkammer für die Führung und Anheizung des Klassenkampfes ideologisch in Anspruch genommen wird".[19]

Es gibt in der Gegenwart keine bürgerliche Ideologie, die nicht – offen oder verschleiert, bewußt oder unbewußt – eine antikommunistische Spitze hätte. Das ist auch dort – oder gerade auch dort – der Fall, wo sich die spätbürgerliche Ideologie mit dem Marxismus-Leninismus beschäftigt. Grundlage dieser Beschäftigung der spätbürgerlichen Ideologie mit dem Marxismus-Leninismus ist nicht – wie gern vorgegeben wird – die möglichst wertfreie (interessenungebundene) Forschung, sondern – wie aber durchaus auch eingestanden wird – „die politische Realität, die der Kommunismus im Staate Lenins und seiner Satelliten gewonnen hat".[20] Gegen ein Ausgehen von der „politischen Realität" wäre an sich nichts einzuwenden, wäre dieses nicht mit einer gleichzeitigen Verleumdung dieser Realität (in dem eben angeführten Zitat wird im nächsten Halbsatz ohne jede weitere Begründung von der „Bedrohung ... für die westliche Welt" gesprochen, die angeblich vom Kommunismus ausgehe) und einer Verfälschung der Theorie dieser Realität, dem Marxismus-Leninismus, verbunden.

Eine zur Zeit beliebte Methode der Verfälschung des Marxismus-Leninismus ist die Unterstellung, die Vereinfachung. Aus der Feder eines prominenten spätbürgerlichen Ideologen nimmt sich das so aus: „Als Kritiker des Marxismus werde

[18] Ebenda, S. 114.

[19] G. Rohrmoser, in: Technikgeschichte. Voraussetzungen für Forschung und Planung in der Industriegesellschaft, Düsseldorf 1972, S. 58.

[20] J. Habermas, Theorie und Praxis, Neuwied am Rhein und Berlin (West) 1971, S. 387.

ich versuchen, meine Aufgabe großzügig zu interpretieren: Ich werde mir die Freiheit nehmen, den Marxismus nicht nur zu kritisieren, sondern bestimmte, von ihm aufgestellte Behauptungen auch zu verteidigen; und ich werde mir die Freiheit nehmen, seine Doktrinen radikal zu vereinfachen."[21]

Diese verschleiernde Apologetik der spätbürgerlichen Ideologie der Gegenwart hielten Marx und Engels bereits für die bürgerliche Ideologie ihrer Zeit fest. In der „Deutschen Ideologie" betonen sie: „Je mehr die normale Verkehrsform der Gesellschaft und damit die Bedingungen der herrschenden Klasse ihren Gegensatz gegen die fortgeschrittenen Produktivkräfte entwickeln, je größer daher der Zwiespalt in der herrschenden Klasse selbst und mit der beherrschten Klasse wird, desto unwahrer wird natürlich das dieser Verkehrsform ursprünglich entsprechende Bewußtsein, d. h., es hört auf, das ihr entsprechende Bewußtsein zu sein, desto mehr sinken die früheren überlieferten Vorstellungen dieser Verkehrsverhältnisse, worin die wirklichen persönlichen Interessen ppp. als allgemeine ausgesprochen werden, zu bloß idealisierenden Phrasen, zur bewußten Illusion, zur absichtlichen Heuchelei herab. Je mehr sie aber durch das Leben Lügen gestraft werden und je weniger sie dem Bewußtsein selbst gelten, desto entschiedner werden sie geltend gemacht, desto heuchlerischer, moralischer und heiliger wird die Sprache dieser normalen Gesellschaft."[22]

Die spätbürgerliche Ideologie der Gegenwart bestätigt diese Feststellung von Marx und Engels vollauf. Innerhalb des ewigen Wandels der spätbürgerlichen Ideologie nehmen die „idealisierenden Phrasen" und die „absichtliche Heuchelei" ständig zu. Sie werden immer „entschiedener" geltend gemacht und in „heuchlerischer und heiliger" Sprache vorgetragen. Die sogenannte Menschenrechtskampagne der jüngsten imperialistischen Politik und Ideologie spricht in dieser Beziehung eine beredte Sprache. Die spätbürgerliche Politik und Ideologie verfährt nicht zuletzt in solchen antikommunistischen Kampagnen bewußt parteilich.

Aufschlußreich in dieser Hinsicht ist ein Interview, das der USA-Sprachwissenschaftler Chomsky auf dem Höhepunkt der von den USA ausgehenden und gesteuerten Menschenrechtskampagne der italienischen Zeitung „Il Messaggero" gegeben hat. Auf die Frage, ob „eine veränderte Form des kalten Krieges" (gemeint ist ein verstärkter ideologischer Kampf gegen den Sozialismus – M. B.) zur Stabilisierung der innenpolitischen Situation in den kapitalistischen Hauptländern beitragen könne, antwortete er: „Während der 60er Jahre hat vor allem in den Vereinigten Staaten ... die Kontrolle über die Bevölkerung sehr nachgelassen: Am Anfang kam es zu politischen Massenbewegungen, die sich ideologisch vom Staat lossagten und ihm den Gehorsam verweigerten, der bis vor kurzem nicht einmal in Frage gestellt wurde. So entstand eine sehr ernste Krise, die man unbedingt überwinden mußte. Die Regierungen (der imperialistischen Hauptländer – M. B.)

[21] K. R. Popper, Prognose und Prophetie in den Sozialwissenschaften, in: Logik der Sozialwissenschaften, hrsg. v. E. Topitsch, Köln–Berlin (West) 1965, S. 113.

[22] K. Marx/F. Engels, Die deutsche Ideologie, in: MEW, Bd. 3, Berlin 1958, S. 274.

sahen sich gezwungen, die Bevölkerung ihrer Länder wieder zu ihrer früheren Haltung der Passivität und des Gehorsams zu veranlassen, wenn sie weiterhin eine aggressive und energische kapitalistische Entwicklungsperspektive verfolgen wollten ... Um eine gehorsame und passive Öffentlichkeit zu schaffen, besteht das beste Mittel darin, erneut die Überzeugung zu wecken, die Vereinigten Staaten seien die Verfechter der Menschenrechte."[23] Diese Ausführungen bedürfen keines Kommentars. Sie unterstreichen, daß die von seiten der imperialistischen Ideologie feilgebotene „ideologische Koexistenz" in Wirklichkeit als verschärfte ideologische Konfrontation, in der alle Mittel bis hin zur politischen und ideologischen Lüge recht sind, praktiziert wird. Die Parteilichkeit der spätbürgerlichen Ideologie ist keine offene wie die marxistisch-leninistische, sondern eine heuchlerische. Wo sie im Namen der Menschheit und der Menschlichkeit zu sprechen vorgibt, spricht sie in der Tat für die auf Unterdrückung und Ausbeutung gerichtete Politik des Imperialismus. Sie weiß um ihre Schwäche und gibt gelegentlich auch zu: „je weniger Entscheidungen (im Kampf zwischen Sozialismus und Imperialismus – M. B.) mit den Mitteln der politischen Pression und des bewaffneten Einsatzes gesucht werden, desto wichtiger wird, wer in welchem Umfang über die Einflußnahme auf das Bewußtsein großer Menschengruppen Vorgänge auszulösen und zu steuern vermag".[24]

V

Während die Einheit von Wissenschaftlichkeit und Parteilichkeit in der Lesart der spätbürgerlichen Ideologie etwas Anrüchiges ist, über das man besser nicht spricht, war Parteilichkeit für die Ideologen der progressiven Bourgeoisie etwas Selbstverständliches, ohne das Wissenschaft, geistiges Leben überhaupt nicht möglich ist. Wir erinnern in diesem Zusammenhang nur an die französischen Materialisten des 18. Jahrhunderts, an die bürgerliche europäische Aufklärungsbewegung insgesamt. Hegel trug jeweils bereits in der ersten Vorlesungsstunde über Geschichte und Philosophie seinen Studenten folgenden Passus vor: „Es muß die Forderung als gerecht zugestanden werden, daß eine Geschichte, es sei von welchem Gegenstande es wolle, die Tatsachen ohne Parteilichkeit, ohne ein besonderes Interesse und Zweck durch sie geltend machen zu wollen, erzähle. Mit dem Gemeinplatze einer solchen Forderung kommt man jedoch nicht weit. Denn notwendig hängt die Geschichte eines Gegenstandes mit der Vorstellung aufs Engste zusammen, welche man sich von demselben macht. Danach bestimmt sich schon dasjenige, was für ihn für wichtig und zweckmäßig erachtet wird, und die Beziehung des Geschehenen auf denselben bringt eine Auswahl der zu erzählenden

[23] Il Messaggero, Rom, 8. April 1977.

[24] G. Wettig, Freiheit oder Unfreiheit im Äther, in: Aus Politik und Zeitgeschichte, Beilage zur Wochenzeitung „Das Parlament", Bonn, 5. Juni 1976, S. 21.

Begebenheiten, eine Art sie zu fassen, Gesichtspunkte, unter welche sie gestellt werden, mit."[25]

Und in W. T. Krugs „Allgemeinem Handwörterbuch der philosophischen Wissenschaften" aus den Jahren 1827/29 kann man folgendes in dem Artikel „Partei" nachlesen: „Bei der natürlichen Beschränktheit des menschlichen Geistes und bei dem Einflusse, welchen Erziehung, Unterricht, Gewohnheit, Umgang mit andern, sowie auch Affekten und Leidenschaften, auf unser Denken und Wollen haben, darf man sich nicht wundern, überall ... Parteien anzutreffen. Es wird daher auch nicht leicht ein Mensch gefunden werden, der zu gar keiner Partei gehörte, also *ganz parteilos* und folglich auch *durchaus unparteiisch*, d. h. *ohne alle Parteilichkeit* wäre. Dies würde vielmehr eine völlige Indolenz und Indifferenz verraten."[26]

Bei aller historischen Beschränkung war es für die klassische bürgerliche Ideologie doch klar, daß Wissenschaftlichkeit nur durch die Parteinahme für den gesellschaftlichen Fortschritt möglich ist. Sicher, die klassische bürgerliche Ideologie war noch nicht in der Lage, jenen Punkt anzugeben, in dem Wissenschaftlichkeit und Parteilichkeit zusammenfließen. Doch ihr ganzes Streben war darauf ausgerichtet, den Gesetzmäßigkeiten der gesellschaftlichen Entwicklung auf die Spur zu kommen.

Daß dieses Ziel nur über den Weg offener Parteilichkeit zu erreichen ist, galt für sie als ausgemacht. Alles andere war für sie „Gemeinplatz", der auf „Indolenz und Indifferenz" hinauslief. Auch in der Frage der Einheit von Wissenschaftlichkeit und Parteilichkeit besteht also ein Abgrund zwischen klassischer bürgerlicher und imperialistischer Ideologie. Parteilichkeit war für die klassische bürgerliche Ideologie nur ein anderes Wort für „Fortschreiten des Menschengeschlechts", für „Herstellung der Rechte der Menschheit" (I. Kant). Die klassische bürgerliche Ideologie dachte Parteilichkeit überhaupt nicht anders als im Zusammenhang mit der Problematik des gesellschaftlichen Fortschritts, der für sie immer Höherentwicklung bedeutete.

Da die imperialistische Ideologie den gesellschaftlichen Fortschritt leugnet, kann sie ihre Parteilichkeit mit diesem auch nicht mehr in Zusammenhang bringen. Sie kann ihre Parteilichkeit nur noch zum Gegebenen, das heißt zur imperialistischen Gesellschaft in Beziehung setzen bzw. von dieser herleiten. Dadurch aber wird Parteilichkeit zur Apologetik umfunktioniert. In der Tat handelt es sich innerhalb der imperialistischen Ideologie „nicht mehr darum, ob dies oder jenes Theorem wahr sei, sondern ob es dem Kapital nützlich oder schädlich" ist. „An die Stelle uneigennütziger Forschung trat bezahlte Klopffechterei, an die Stelle unbefangener wissenschaftlicher Untersuchung das böse Gewissen und die schlechte Absicht der Apologetik."[27]

[25] G. W. F. Hegel, Vorlesungen über die Geschichte der Philosophie, in: Sämtliche Werke, hrsg. v. H. Glockner, Bd. 17, Stuttgart 1959, S. 23 f.

[26] W. T. Krug, Allgemeines Handwörterbuch der philosophischen Wissenschaften, Bd. 3, Leipzig 1833, S. 160.

[27] K. Marx, Das Kapital, Erster Band, in: MEW, Bd. 23, Berlin 1962, S. 21.

Es ist auch von hier aus einleuchtend, wer das ideologische Erbe der progressiven Bourgeoisie aufbewahrt und fortgeführt hat: nicht die spätbürgerliche Ideologie, sondern der Marxismus-Leninismus.

VI

Der Marxismus-Leninismus geht davon aus – und er stimmt darin im Ansatz mit der klassischen bürgerlichen Ideologie überein –, daß Erkenntnis, vor allem Erkenntnis gesellschaftlicher Zusammenhänge, nur als parteiliches Erkennen möglich ist. Parteilichkeit ist in diesem Sinne ein konstitutives Moment allen Erkennens und davon abgeleiteten Handelns.[28] Parteilichkeit ist so keine Angelegenheit des bloßen Bewertens, der bloßen Bewertung von Erkenntnis- und Handlungsresultaten durch die erkennenden und handelnden Menschen. Anders: Parteilichkeit ist keine Sache, die zu den Erkenntnis-und Handlungsresultaten – im nachhinein – hinzukommt. Sie ist von Anfang an ein immanenter und tragender Bestandteil aller Erkenntnis- und Handlungsprozesse. Parteilichkeit darf so nicht als bloß subjektive Zutat zu Denken und Handeln genommen werden.

Innerhalb der spätbürgerlichen Ideologie wird, wenn die Problematik Wissenschaft und Parteilichkeit rein theoretisch diskutiert wird, meist eine unfruchtbare Alternative konstruiert: *entweder* interessenbedingtes, zielgerichtetes – parteiliches *oder* objektives, unparteiliches – wissenschaftliches Erkennen (Handeln), also entweder Parteilichkeit *oder* Wissenschaftlichkeit (Objektivität) als sich ausschließende Gegensätze.[29]

Behauptungen wie: „Die sogenannte Objektivität der Wissenschaft besteht in der Objektivität der kritischen Methode."[30] – zielen in diese Richtung. Eine solche Alternative ist jedoch eine *Schein*alternative, eine bloße metaphysische Gegenüberstellung, die weder im Denken noch im Handeln zu ewas Positivem führt. Eine solche Alternative leugnet oder verschleiert das, was offensichtlich und durch die Menschheitsgeschichte insgesamt, vor allem durch eine mehr als 2000-jährige Wissenschaftsentwicklung immer wieder erhärtet worden ist. Erkennen und Handeln sind für die Menschen immer nur insoweit möglich, wie es die objektive Klassenlage zuläßt. Die jeweiligen gesellschaftlichen Bedingungen stecken zunächst den Rahmen ab, in dem Erkennen und Handeln auf diese oder jene Weise möglich werden. Es ist nämlich ein gravierender Unterschied, ob – zum Beispiel – die kapitalistischen gesellschaftlichen Verhältnisse vom Standpunkt der Klasse der Bourgeoisie oder von dem der Arbeiterklasse aus betrachtet werden. In der Geschichte

[28] Vgl. P. W. Alexejew/A. J. Iljin, Das Prinzip der Parteilichkeit, Berlin 1975, Kap. II.

[29] H. Horstmann, Objektivität, Wissenschaftlichkeit und Parteilichkeit im dialektisch-materialistischen und metaphysischen Denken, in: H. Horstmann (Hrsg.), Denkweise und Weltanschauung. Studien zur weltanschaulichen und methodologischen Funktion der materialistischen Dialektik, a. a. O., Abschnitt 2, S. 18 bis 30.

[30] Der Positivismusstreit in der deutschen Soziologie, a. a. O., S. 106.

sind Wissenschaftler überall dort zu den besten Ergebnissen gekommen, wo sie konsequent von den Positionen der jeweils fortschrittlichen Klasse ausgingen. Die neue Naturwissenschaft zu Beginn der bürgerlichen Ära wäre nicht möglich gewesen, wenn ihre Begründer nicht den Bedürfnissen der neuen, der kapitalistischen Produktionsweise gefolgt wären. Ebenso wäre die klassische englische Nationalökonomie nicht möglich gewesen, wenn sie statt der Interessen der Bourgeoisie denen der Feudalaristokratie Ausdruck verliehen hätte. Und Marx und Engels hätten die Grundgesetze der kapitalistischen Produktion nicht entdeckt und von da aus die Notwendigkeit der Ablösung der bürgerlichen Gesellschaft nicht begründen können, wenn sie nur am Leifaden einer „kritischen Methode“ die gesellschaftliche Wirklichkeit betrachtet hätten. Das Ausgehen vom Standpunkt des Proletariats, also *ihre* Parteilichkeit, war die Voraussetzung ihrer epochemachenden Entdeckungen.

Wird Parteilichkeit nicht als eine eindeutige und notwendige, von Anfang an gegebene Relation genommen, dann kann Wissenschaftlichkeit (Objektivität) nur psychologisch, bestenfalls logisch erklärt werden. Anschauungen, wie die unparteiliche Suche nach Wahrheit, das Motiv der Wahrheitsliebe oder die intersubjektive Nachprüfbarkeit, die rationale Argumentation usw. seien der eigentliche Grund für Wissenschaftlichkeit, verlieren sich eben im Psychologischen oder bloß Logischen. Wir bestreiten damit nicht, daß diese Momente im Erkennen und Handeln eine Rolle spielen. Die Frage ist jedoch, welcher Stellenwert solchen Momenten eingeräumt wird. Denn diese sind weder hinreichend noch allein konstitutiv für ein zielgerichtetes, an Veränderung interessiertes Erkennen und Handeln. Im Gegenteil. Wird Wissenschaftlichkeit nicht durch bewußte Parteilichkeit geleitet (ergänzt), dann wird sie entweder zur bloßen guten Absicht oder zur Apologetik heruntergebracht. Ihr wird vor allem die progressiv gesellschaftliche Spitze genommen, das heißt: sie kann nicht zur Grundlage zielgerichteter, auf Veränderung ausgehender gesellschaftlicher Tätigkeit werden. Umgekehrt, will man zu gesellschaftlichen Aktionen ohne Wissenschaftlichkeit, sondern nur mit Parteilichkeit kommen, dann münden diese in ein anarchistisches Verhalten ein, werden blind. Sie mißachten den Geschichtsprozeß, der sich von keinem Individuum – und sei es noch so genial – und keiner Klasse – und sei sie noch so progressiv – überlisten läßt. Denn: „Die Menschen machen ihre eigene Geschichte, aber sie machen sie nicht aus freien Stücken, nicht unter selbstgewählten, sondern unter unmittelbar vorgefundenen, gegebenen und überlieferten Umständen.“[31]

Wissenschaftlichkeit und Parteilichkeit sind also unteilbar. Das ist deshalb der Fall, weil Wissenschaft nichts Autonomes ist, sondern immer bestimmte gesellschaftliche Verhältnisse zur Grundlage hat, aus denen sie entspringt. Je bewußter dieser Sachverhalt gesehen wird, um so fruchtbarer entfaltet sich die Einheit von Wissenschaftlichkeit und Parteilichkeit in der wissenschaftlichen Arbeit. Sie wird

[31] K. Marx, Der achtzehnte Brumaire des Louis Bonaparte, in: MEW, Bd. 8, Berlin 1960, S. 115.

dann zu revolutionärem Herangehen an die Wirklichkeit, das theoretisch konsequent, historisch untermauert und die weltgeschichtliche Perspektive im Blick haltend ist. „Der ganze Geist des Marxismus, sein ganzes System verlangt, daß jede These nur α) historisch; β) nur in Verbindung mit anderen; γ) nur in Verbindung mit den konkreten Erfahrungen der Geschichte betrachtet wird."[32]

Dieses Herangehen an ausnahmslos alle Fragen des gesellschaftlichen Lebens impliziert ein bestimmtes Verhalten, eine bestimmte politisch-ideologische Grundhaltung, die nicht zuletzt durch Disziplin und Hingabe an die Sache der Arbeiterklasse und ihrer marxistisch-leninistischen Partei gekennzeichnet ist. Eine solche auf Wissenschaftlichkeit und Parteilichkeit beruhende politisch-ideologische Grundhaltung verlangt, sich an der welthistorischen Mission der Arbeiterklasse zu orientieren, konkret: mit der marxistisch-leninistischen Partei Schritt für Schritt in Richtung der Verwirklichung dieser Mission zu gehen.

Das aber setzt mit Notwendigkeit ein „Bewußtsein vom Ganzen" voraus, das jedem Menschen den „Sinn seiner Tätigkeit, ihren Zusammenhang mit den Anstrengungen aller anderen Werktätigen, seine eigene große Verantwortung für den Erfolg der Politik von Partei und Regierung" durchsichtig macht.[33]

Dies ist durchaus nicht zufällig, weil es mit der Gestaltung der entwickelten sozialistischen Gesellschaft darum geht, daß die Menschen „die Gesetze ihres eignen gesellschaftlichen Tuns ... mit voller Sachkenntnis" anwenden, „ihre Geschichte mit vollem Bewußtsein selbst machen", weil erst dadurch „die von ihnen in Bewegung gesetzten gesellschaftlichen Ursachen vorwiegend und in stets steigendem Maß auch die von ihnen gewollten Wirkungen haben".[34]

32 W. I. Lenin an Inès Armand, in: Werke, Bd. 35, Berlin 1971, S. 227.

33 K. Hager, Die Aufgaben der Gesellschaftswissenschaften in unserer Zeit, Referat auf der 9. Tagung des ZK der SED (1968), Berlin 1968, S. 11.

34 F. Engels, Die Entwicklung des Sozialismus von der Utopie zur Wissenschaft, in: MEW, Bd. 19, a. a. O., S. 226.

HERBERT HÖRZ

Wahrheit und Wert wissenschaftlicher Erkenntnisse

Problemstellung

Das Verhältnis von Wahrheit und Wert wissenschaftlicher Erkenntnisse drückt den Zusammenhang zwischen den Erkenntnisresultaten und ihrer Bedeutung für den Menschen in historisch-konkreten gesellschaftlichen Situationen aus. Erkenntnisresultate entstehen im komplizierten Erkenntnisprozeß als Widerspiegelungen von Beziehungen und Gesetzen in bestimmten Erkenntnisbereichen. Sie sind in Theorien als Aussagensystemen sprachlich formuliert und damit kommunizierbar. Wahrheit ist das Ergebnis unserer Bemühungen, Natur, Gesellschaft und Bewußtsein, unser Erkennen und Handeln und damit uns selbst in objektiven Gesetzen als allgemein-notwendigen und wesentlichen Zusammenhängen zu erkennen und damit zu erklären. Wissenschaft ist auf jeden Fall Wahrheitssuche. Um jedoch dem Problem zu entgehen, sich wissenschaftlich mit der gesellschaftlichen Verwertung wissenschaftlicher Erkenntnisse auseinandersetzen zu müssen, bleiben manche Wissenschaftler bei diesem engen Wissenschaftsbegriff stehen. Aber erst in der Verwertung wahrer Erkenntnisse durch den Menschen zur theoretischen und praktischen Beherrschung seiner Umwelt, im erreichten Freiheitsgewinn zeigt sich der Wert der Wissenschaft und damit der Sinn wissenschaftlichen Arbeitens.

Gesellschaftliche Werte bestimmen den objektiven Zustand des materiellen und kulturellen Lebensniveaus eines Volkes und die objektiven Möglichkeiten für zu erreichende Ziele. Sie werden in Wertvorstellungen formuliert, die gesellschaftlich-determinierte Zustands- und Zielbestimmungen sind. Wahrheitssuche und Verwertung wissenschaftlicher Erkenntnisse können im Bewußtsein einzelner Wissenschaftler und Kollektive als getrennt erscheinen. Darin widerspiegelt sich eine bestimmte Arbeitsteilung zwischen Entdeckern und Verwertern. Für die Gesellschaft bilden Entdecken, Werten und Verwerten eine Einheit. Auch der akademische Wissenschaftler, der die Wertfreiheit seines Forschens betont, muß den Sinn seiner Arbeit rechtfertigen. Wissenschaftliches Forschen als gesellschaftlich nützliche Tätigkeit setzt materielle Mittel voraus. Um diese Mittel zu erhalten, muß der Wert der Wissenschaft bestimmt werden. „Doch soweit diese moralische Wertfreiheit tatsächlich besteht", stellt der Wissenschaftshistoriker J. R. Ravetz über den an wissenschaftlichen Problemen ohne direkten praktischen Nutzen arbeitenden Wissenschaftler fest, „schafft sie ihre eigenen moralischen Probleme; und die enge Verbindung der Wissenschaft mit der Kultur, in die sie eingebettet ist, führt dazu, daß sie in Grundprobleme der Rechtfertigung und des Überlebens dieser

Kultur mit einbezogen wird."[1] Das Wertproblem konnte zwar aus dem wissenschaftlichen Bewußtsein einiger Wissenschaftler zeitweilig verdrängt werden, aber es ist nicht zu beseitigen. Es zeigt sich sowohl in dem ideologischen Gehalt von Diskussionen um den Sinn wissenschaftlicher Arbeit als auch in den Tendenzen der Entideologisierung und Reideologisierung der Wissenschaften.[2] Besonders die Entwicklung von Destruktivkräften und dabei vor allem der Bau und die Verwendung von Massenvernichtungswaffen durch den Imperialismus haben das Verhältnis von Wahrheit und Wert in den Mittelpunkt weltanschaulicher Auseinandersetzungen gerückt.

Wissenschaftstheoretisch wurde die Lösung des Wertproblems in der Diskussion um die externen und internen Faktoren der Wissenschaftsentwicklung gesucht. Extreme Positionen sind dabei die Rechtfertigung der bloßen Wahrheitssuche mit der Überbetonung der internen Faktoren auf der einen Seite und die Konzeption von der Finalisierung der Wissenschaft auf der anderen Seite.[3] Der rationelle Kern der Diskussion ist die Suche nach den Gesetzen der Wissenschaftsentwicklung, in denen sich die dialektischen Beziehungen zwischen externen und internen Faktoren ausdrücken müssen.[4] Die Auseinandersetzungen um das Tätigkeitskonzept in der Wissenschaftstheorie zeigen, daß die Feststellung, Wissenschaft sei allgemeine Arbeit, mehr ein Programm wissenschaftstheoretischer Forschungen als eine Problemlösung ist.[5] Dieses Programm hat zwei Gefahren. Einerseits ist es illusionär, wenn versucht werden sollte, wissenschaftliche Resultate aus der Gesamtheit der die wissenschaftliche Tätigkeit bestimmenden gesellschaftlichen Determinanten zu begreifen. Andererseits geht die Spezifik wissenschaftlicher Tätigkeit verloren, eben die Gesetzeserkenntnis durch die Wahrheitssuche. Einseitige Wertauffassungen bringen Gefahren für die Bewertung wissenschaftlicher Erkenntnisse mit sich. Obwohl Wertaspekte noch behandelt werden, sei schon darauf verwiesen, daß die Einschränkung gesellschaftlicher Werte auf die ökonomischen Werte wichtige Grundlagen für die Bewertung wissenschaftlicher Erkenntnisse aus der Betrachtung ausschließt. Gesellschaftliche Werte umfassen Nutzen, Sittlichkeit und Schönheit.

Wenn die gesellschaftliche Verwertung wissenschaftlicher Erkenntnisse selbst ein wissenschaftliches Problem ist, weil Werte wissenschaftlich begründet sein

[1] J. R. Ravetz, Die Krise der Wissenschaft, Neuwied und Berlin (West) 1973, S. 467.

[2] P. W. Alexejew/A. J. Iljin, Parteilichkeit und Wissenschaftlichkeit, in: Der dialektische Materialismus und seine Kritiker, Berlin 1975; M. Buhr, Vernunft – Mensch – Geschichte, Berlin 1977 (Schriften zur Philosophie und ihrer Geschichte 7); M. Buhr/J. Schreiter, Erkenntnistheorie – kritischer Rationalismus – Reformismus, Berlin 1979 (Schriften zur Philosophie und ihrer Geschichte 22); J. Schreiter, Wahrheit – Wissenschaftlichkeit – Gesellschaftswissenschaften, Berlin 1979 (Schriften zur Philosophie und ihrer Geschichte *19)*.

[3] G. Böhme/W. v. d. Daele/W. Krohn, Die Finalisierung der Wissenschaft, in: Zeitschrift für Soziologie, Stuttgart 1973, S. 128–144.

[4] H. Hörz, Gesetze der Wissenschaftsentwicklung, in: Struktur und Prozeß, hrsg. von K. F. Wessel, Berlin 1977, S. 260–280.

[5] H. Laitko, Wissenschaft als allgemeine Arbeit, Berlin 1979.

müssen, dann reicht es nicht aus, Wissenschaft als Wahrheitssuche zu bestimmen. Es geht um die Wahrheit der Wertvorstellungen, um die wissenschaftlichen Grundlagen der Bewertung. Wissenschaft ist nicht aus der gesellschaftlichen Auseinandersetzung auszuklammern. G. Böhme stellt fest: „Man müsse nur die Begriffe klären, denkt mancher im alltäglichen Diskurs. Wissenschaftlich gestellt, müßten Streitfragen verschwinden, in Daten und Zahlen gefaßt, sich das Einvernehmen errechnen lassen." „Was sind unsere Erfahrungen aus der Kernenergie-Debatte? Daß die Wissenschaft im Streit ein Streit mit der Wissenschaft wird. Der Beobachter muß wählen: die Wissenschaftlichkeit der Argumente zu bestreiten oder Konsensus als oberstes Kriterium von Wissenschaftlichkeit aufzugeben ..."[6] Böhme sucht nach Alternativen zur Rationalität neuzeitlicher Wissenschaft. Seine Untersuchungen zeigen, daß die gesellschaftliche Verwertung wissenschaftlicher Erkenntnisse die Beziehungen zwischen Wissenschaft und Weltanschauung, Wissenschaft und Öffentlichkeit, Wissenschaft und gesellschaftlicher Praxis, Wissenschaft und Politik umfaßt. Im Verhältnis von Wissenschaft und Öffentlichkeit zeigt sich das Dilemma der Wissenschaft im Kapitalismus. Wissenschaft als Produktivkraft soll, soweit sie der Profitproduktion dient, keiner weiteren Rechtfertigung unterliegen. Wissenschaft als ideologischer Faktor soll Apologie kapitalistischer Verhältnisse sein. Böhme stellt fest: „Die These von der Finalisierung der Wissenschaft sollte der Selbstaufklärung der Wissenschaftler dienen. Sie ging ein in den Diskurs der Wissenschaftssoziologen und in den Zirkus der Ideologiebildung in den Massenmedien. Bleibt Wissenschaft, was sie ist, nur in den eigenen Kreisen? In der Öffentlichkeit wirkt der Naturwissenschaftler dogmatisch, der Sozialwissenschaftler ideologisch."[7] Es wird die Schwierigkeit betont, „daß keine hinreichende Klarheit darüber besteht, was überhaupt als Alternative gesucht wird. Am einfachsten liegen die Verhältnisse vielleicht noch da, wo die Kritik am Status quo der Wissenschaft durch eine veränderte Organisation und gesellschaftliche Planung von Wissenschaft befriedigt werden könnte. Aus einer solchen Einschätzung der Lage haben in letzter Zeit die Länder des realen Sozialismus die Konsequenz gezogen, daß eine sozialistische Wissenschaft, die eine und universale Wissenschaft sei, aber eben anders sozial und politisch integriert."[8] Die gesellschaftliche Verantwortung der Wissenschaftler im Sozialismus verlangt die Einheit von Wahrheitssuche, Bewertung und gesellschaftlicher Verwertung der Erkenntnisse, aber nicht die sozialistische Wissenschaft als Universalwissenschaft. Tendenzen des Vulgärsoziologismus, die die objektive Wahrheit von Erkenntnisresultaten wegen der sozialökonomisch-determinierten wissenschaftlichen Tätigkeit bestreiten, sind theoretisch überwunden, obwohl sie immer wieder auftreten können. Es geht um die neuen Verwertungsbedingungen für wissenschaftliche Erkenntnisse im Sozialismus. Sozialistischer Humanismus erweist sich als Zielfunktion,

[6] G. Böhme, Alternativen der Wissenschaft, Frankfurt am Main 1980, S. 12.

[7] Ebenda, S. 12.

[8] Ebenda, S. 13 f.

Bewertungskriterium und Anforderungsstrategie für den wissenschaftlich-technischen Fortschritt.[9] Es geht deshalb nicht um Alternativen zur Wissenschaft, sondern um die Erweiterung unseres Wissenschaftsverständnisses. Wissenschaft im engeren Sinne ist Wahrheitssuche. Wissenschaft im weiteren Sinne umfaßt die gesellschaftliche Verwertung wissenschaftlicher Erkenntnisse von der Wahrheitssuche über die Erarbeitung wissenschaftlicher Grundlagen zur Bewertung bis zu den verschiedenen Funktionen der Wissenschaft als Produktivkraft, Kulturkraft und Human- oder Sozialkraft.

Obwohl wesentlich von den weltanschaulichen Diskussionen um die Rolle der Naturwissenschaft ausgegangen wird, haben die theoretischen Überlegungen umfassendere Bedeutung auch für andere Wissenschaften. *Parteilichkeit* in den Wissenschaften heißt Bewerten der wissenschaftlichen Erkenntnisse und entsprechendes Handeln, also Teilnahme am Prozeß der gesellschaftlichen Verwertung wissenschaftlicher Erkenntnisse. Da der Verwertungsprozeß schon die Orientierung der Forschungsarbeit umfaßt, aber auch die Art und Weise wissenschaftlicher Tätigkeit sowie die weltanschauliche Deutung und gesellschaftliche Nutzung der Erkenntnisresultate, ist Parteilichkeit immanenter Bestandteil des wissenschaftlichen Lebens. Sie darf jedoch nicht zur Deformierung der objektiven Wahrheit führen. Deshalb sind für die Wissenschaftlichkeit der Wahrheitssuche die innere Konsistenz von Theorien und die Praxis als Kriterium der Wahrheit entscheidend. Für die Bewertung wissenschaftlicher Erkenntnisse spielen die gesellschaftlichen Verhältnisse als Verwertungsbedingungen, die wissenschaftliche Begründung der Werte und die Parteinahme der Wissenschaftlerpersönlichkeit für bestimmte Werte eine entsprechende Rolle.

Problemdimensionen

In der Diskussion um Wahrheit und Wert wissenschaftlicher Erkenntnisse gibt es verschiedene Problemdimensionen. Sie sollen als historische Dimension, als Nutzendimension und als politisch-moralische Dimension bezeichnet werden. Sie werden alle von der *gesellschaftlichen Dimension* umfaßt, die durch die gesellschaftliche Verwertung der wissenschaftlichen Erkenntnisse, um umfassenderen Freiheitsgewinn zu erreichen, charakterisiert ist. Lenin bestimmte die sozialistischen Möglichkeiten zur gesellschaftlichen Verwertung der Wissenschaft mit der Feststellung: „Früher war das ganze menschliche Denken, der menschliche Genius nur darauf gerichtet, den einen alle Güter der Technik und Kultur zu geben und den anderen das Notwendigste vorzuenthalten – Bildung und Entwicklung. Jetzt dagegen werden alle Wunder der Technik, alle Errungenschaften der Kultur zum Gemeingut des Volkes, und von jetzt an wird das menschliche Denken, der menschliche

[9] H. Hörz, Wissenschaftlich-technischer Fortschritt und sozialistischer Humanismus, in: Deutsche Zeitschrift für Philosophie, 3/4/1981, S. 343 ff.

Genius niemals mehr ein Mittel der Gewalt, ein Mittel der Ausbeutung sein. Das wissen wir. Und lohnt es etwa nicht, für diese gewaltige geschichtliche Aufgabe zu arbeiten, dafür alle Kräfte einzusetzen? Die Werktätigen werden dieses titanische geschichtliche Werk vollbringen, denn in ihnen schlummern die großen Kräfte der Revolution, der Wiedergeburt und der Erneuerung."[10] Die neuen Verwertungsbedingungen für die Wissenschaft im Sozialismus lassen den Unterschied zur Bewertung der Wissenschaft im Kapitalismus deutlich werden. Sie zeigen, daß Wissenschaftler im Kapitalismus und im Sozialismus unterschiedliche Verantwortung tragen, wenn sie sich für die humane Verwertung wissenschaftlicher Erkenntnisse einsetzen.[11]

Damit ist die *historische Dimension* der Verwertung wissenschaftlicher Erkenntnisse, die sich keineswegs auf den Übergang vom Kapitalismus zum Sozialismus allein bezieht, angesprochen. Der Wert wahrer Erkenntnisse und damit der Sinn wissenschaftlicher Arbeit beschäftigte stets das Denken von Wissenschaftlern. Auch wir sind durch diese Tradition beeinflußt. Platon hatte in „Die Gesetze" festgestellt, daß die Wahrheit die Richtigkeit, den Nutzen, das Gute und das Schöne bewirke. Die Bewertung wird damit im umfassenden Sinne vorgenommen, da die Wahrheit nicht nur zur Grundlage für die Nutzensbewertung, sondern zugleich auch für die Bewertung des Richtigen, des Sittlichen und des Schönen genommen wird. Mit der Emanzipation der Naturwissenschaften von der Philosophie im und nach dem 16. Jahrhundert durch ihre entscheidenden Beiträge zur Produktivkraftentwicklung trat die Wahrheitssuche in den Vordergrund. Die praktischen Erfolge rechtfertigten den Aufwand für die Wissenschaft. Wahrheit und Wert wurden zeitweilig auseinandergerissen. Die Wissenschaft hatte nach der Wahrheit im Sinne der Richtigkeit ihrer Theorien zu suchen. Die Wertung als Grundlage der gesellschaftlichen Verwertung wurde der Politik und Religion (Philosophie) überlassen.

Für Brecht ist Galileis Widerruf seiner Lehre die „Erbsünde" der modernen Naturwissenschaften. „Aus der neuen Astronomie, die eine neue Klasse, das Bürgertum, zutiefst interessierte, da sie den revolutionären sozialen Strömungen der Zeit Vorschub leistete, machte er eine scharf begrenzte Spezialwissenschaft, die sich freilich gerade durch ihre ‚Reinheit', d. h. ihre Indifferenz zu der Produktionsweise, verhältnismäßig ungestört entwickeln konnte. Die Atombombe ist sowohl als technisches als auch soziales Phänomen das klassische Endprodukt seiner wissenschaftlichen Leistung und seines sozialen Versagens."[12] Die Indifferenz zur Produktionsweise ist nur scheinbar, ideologisch verdeckt durch den Anspruch auf reine Wahrheitssuche, denn Astronomie, Physik und Werkstoffkunde leisten einen entscheidenden Beitrag zur Entwicklung des Kapitalismus durch die mit ihnen mögliche Produktivkraftentwicklung. Aber Brecht hat recht, wenn er hervorhebt, daß das Ideal der reinen Wissenschaft damals entwickelt wurde, wodurch die gesellschaft-

[10] W. I. Lenin, Dritter Gesamtrussischer Kongreß der Sowjets der Arbeiter-, Soldaten- und Bauerndeputierten, in: Werke, Bd. 26, Berlin 1961, S. 480 f.

[11] H. Hörz/D. Seidel, Verantwortung – Schöpfertum – Wissenschaft, Berlin 1979.

[12] B. Brecht, Stücke, Bd. VIII, Berlin 1957, S. 199.

liche Verwertung wissenschaftlicher Erkenntnisse zu einem angeblich außerhalb der Wissenschaften vor sich gehenden Prozeß wird. Die Wissenschaften brauchten sich nicht um die Verwertung verwertbarer Erkenntnisse zu kümmern. Das machten die Besitzer von Produktionsmitteln, teilweise mit eigenen wissenschaftlichen Kapazitäten in den Betrieben, durch den Kauf von Patenten oder durch technologische Verwertung wissenschaftlicher Erkenntnisse. Das hatte Auswirkungen auf das Nutzenskriterium. Das im Interesse kapitalistischer Profitproduktion liegende Nutzenskriterium kollidierte mit dem Ideal der reinen Wahrheitssuche. Das zeigt sich in dem langwierigen Prozeß der Anerkennung technischer als wissenschaftlicher Probleme. Es wäre sicher interessant, den Zusammenhang zwischen der Weltanschauung, der Produktivkraftentwicklung und den gesellschaftlichen Verhältnissen in Amerika, England und Deutschland im 19. Jahrhundert zu untersuchen, um die Unterschiede in der Anwendung des Nutzenskriteriums zu zeigen. So stellt F. Klemm fest: „Das gesellschaftliche Vorurteil gegen den Ingenieur begann indes um die Jahrhundertwende auch im Lande der Dichter und Denker langsam zu weichen. Die Erkämpfung des Promotionsrechts und einer den Universitäten entsprechenden Verfassung durch die Technischen Hochschulen im Jahre 1899 war ein wichtiger Schritt in dieser Entwicklung. Die deutsche Industrie stieg von etwa 1900 an, nicht zuletzt als Erfolg einer an den Hochschulen wissenschaftlich betriebenen Technik, rasch empor und wurde ein wesentlicher Konkurrent Englands und Amerikas. Hatte Reuleaux 1876 von den deutschen Industrieprodukten auf der Weltausstellung in Philadelphia gesagt, sie seien ‚billig und schlecht', so konnte Deutschland bereits auf der Pariser Weltausstellung 1900 durch die hohe Qualität seiner technischen Erzeugnisse besondere Anerkennung erringen."[13]

Heute wird Technologie immer mehr als aktive Gestaltung der Beziehungen in Natur, Gesellschaft und Bewußtsein bei der Erweiterung der Herrschaft des Menschen über seine Umwelt und sich selbst begriffen und die technischen Wissenschaften als ihre theoretische Erklärung. Die historische Dimension führt zur gesellschaftlichen Dimension. Das Ideal der reinen Wahrheitssuche erweist sich als Illusion. Die Beschäftigung der Ökonomie mit dem Nutzen, der Ethik mit dem Sittlichen und der Ästhetik mit dem Schönen wird zu einem innerwissenschaftlichen Problem, nämlich zur wissenschaftlichen Begründung der Wertung. Dabei zeigt die Geschichte, daß es keine ewig gleichbleibenden Werte gibt. Auch die geforderten humanen Werte des Freiheitsgewinns im Frieden durch Fortschritt wandeln sich inhaltlich. Sie bestimmen in ihrer konkret-historischen von den gesellschaftlichen Verhältnissen abhängigen Form die Sinngebung wissenschaftlicher Arbeit.

Die gesellschaftliche Verwertung der Wissenschaft wurde immer gefordert (politische und ökonomische Forderungen) und erhofft (Sinn wissenschaftlicher Arbeit). Das führt zur *Nutzendimension* der Verwertung wissenschaftlicher Erkenntnisse. Jeder Wissenschaftler stellt sich die Frage nach dem Nutzen seiner Arbeit. „Die Tatsache, daß die meisten Ergebnisse der wissenschaftlichen Forschung für die

[13] F. Klemm, Technik, Freiburg–München 1954, S. 351.

unmittelbare Praxis bedeutungslos sind, ist für manche ein Segen, aber für andere eine Qual. Was könnte egoistischer sein, als den Leiden der Menschheit den Rücken zu kehren und sein Talent einer sehr eng umrissenen Aufgabe zuzuwenden, die nur einem selbst sofortigen Nutzen bringt, während die daraus vielleicht erwachsenden Vorteile für die Mitmenschen fern und unvorhersehbar sind? Ein junger Wissenschaftler mit ausgeprägtem sozialem Empfinden braucht schon einen sehr starken Glauben an den menschlichen Wert wissenschaftlicher Erkenntnis, um eine solche Laufbahn vor sich selbst rechtfertigen zu können."[14] Es müssen eine langfristige Verwertung der Wissenschaft, die Polyvalenz wissenschaftlicher Theorien und damit der notwendige Vorlauf in der Erkenntnis von Beziehungen und Gesetzen der Natur, der Gesellschaft und des Bewußtseins als Grundlage der Technologien, das heißt als Gesamtheit menschlicher Herrschaftsmittel beachtet werden. Kann man den Nutzen wissenschaftlicher Forschung überhaupt von der Arbeit des einzelnen Forschers her bestimmen? Offensichtlich gibt es mehrere Komponenten. Zu ihnen gehören das Selbstverständnis über den Sinn der eigenen Arbeit, die gesellschaftliche Sinngebung und die Bewertung der Arbeit durch die verschieden geartete Öffentlichkeit. Selbstverständnis und gesellschaftliche Sinngebung sind eng mit der gesellschaftlichen Dimension verbunden. Wenn die gesellschaftliche humane Verwertung wissenschaftlicher Erkenntnisse im Sozialismus gesichert ist, muß für den einzelnen Forscher nicht der sofortige Nutzen spezifischer Problemlösungen sichtbar sein, um den Sinn seiner Arbeit zu erkennen. Er kann sich als Teil der umfassenden sinnvollen wissenschaftlichen Tätigkeit begreifen. Das hebt nicht auf, daß in der Öffentlichkeit der Sinn langfristiger konzeptioneller und grundlegender Forschungsarbeit anerkannt sein muß. Goethe stellt fest: „Die Menge fragt bei einer jeden neuen bedeutenden Erscheinung, was sie nutze, und sie hat nicht unrecht; denn sie kann bloß durch den Nutzen den Wert einer Sache gewahr werden."[15] Wenn im Sozialismus die Sinngebung wissenschaftlicher Arbeit nicht nur durch kurzfristigen Nutzen bestimmt ist, sondern die Originalität von Forschungsprogrammen für mögliche zukünftige Prinziplösungen mit technologischer Bedeutung von internationalem Rang langfristig Nutzen für die Erhöhung des materiellen und kulturellen Lebensniveaus bringt, dann ist der Öffentlichkeit das dieser Gesellschaftsordnung eigene Nutzenskriterium nahezubringen.

Wissenschaft verlangt Arbeitsteilung. Sie umfaßt die Suche und den Ausbau von Modellen und Theorien, ihre Nutzung und philosophische Deutung. Nur in wenigen Fällen wird ein Kollektiv alle Prozesse von der Theoriesuche über das Theorieverständnis zur Theorienutzung und gar bis zur Theorieerklärung betreiben können. Zeit, umfassende Kooperation und materielle Mittel sind erforderlich. Deshalb ergibt sich der Sinn der Arbeit eines Forschers oder eines Kollektivs oft erst aus der gesellschaftlichen Einheit von Wahrheitssuche, Wertung und Verwertung. Der Sinn der eigenen Arbeit muß jedoch jedem Forscher bewußt sein. „Wir können aber

[14] J. R. Ravetz, Die Krise der Wissenschaft, a. a. O., S. 467.
[15] J. W. von Goethe, Maximen und Reflexionen, Leipzig 1953, S. 118.

nicht verkennen, daß, je mehr der einzelne gezwungen ist, das Feld seiner Arbeit zu verengern, desto mehr das geistige Bedürfnis sich ihm fühlbar machen muß, den Zusammenhang mit dem Ganzen nicht zu verlieren. Wo soll er die Kraft und die Freudigkeit für seine mühsame Arbeit hernehmen, wo die Zuversicht, daß das, woran er sich gemüht, nicht ungenützt vermodern, sondern einen dauernden Wert behalten werde, wenn er sich nicht die Überzeugung wach erhält, daß auch er einen Baustein geliefert hat zu dem großen Ganzen der Wissenschaft, welche die vernunftlosen Mächte der Natur den sittlichen Zwecken der Menschheit dienstbar unterwerfen soll?"[16] Es geht heute um das Bewußtsein, daß der wissenschaftlich-technische Fortschritt im Sozialismus wesentliche Grundlage des gesellschaftlichen Fortschritts ist. Gerade deshalb darf das Nutzenskriterium nicht eingeengt werden.

Helmholtz stellte fest: „Auf einen unmittelbaren praktischen Nutzen ist freilich bei den einzelnen Untersuchungen gewöhnlich im voraus nicht zu rechnen. Zwar haben die Naturwissenschaften das ganze Leben der modernen Menschheit durch die praktische Verwertung ihrer Ergebnisse umgestaltet. Aber in der Regel kommen diese Anwendungen bei Gelegenheiten zum Vorschein, wo man es am wenigsten vermutet hatte; ihnen nachzujagen führt gewöhnlich nicht zu irgendeinem Ziele, wenn man nicht schon ganz sichere nahe Anhaltspunkte dafür hat, so daß es sich nur noch um Beseitigung einzelner Hindernisse für die Ausführung handelt."[17] Das ist der Hinweis auf die Polyvalenz wissenschaftlicher Erkenntnisse, auf die Notwendigkeit, Beiträge zum Weltfundus der Wissenschaften zu leisten, um ein Reservoir für mögliche technologische Prinziplösungen zu haben. Das ist sicher richtig, und Helmholtz beruft sich auch auf die Erfahrungen. „Sieht man die Geschichte der wichtigsten Erfindungen durch, so sind sie entweder, namentlich in älterer Zeit, von Handwerkern und Arbeitern gemacht, die ihr ganzes Leben hindurch nur eine Arbeit trieben und bald durch günstigen Zufall, bald durch hundertfältig wiederholte tastende Versuche einen neuen Vorteil in ihrem Geschäftsbetriebe fanden; oder sie sind – und zwar ist dies bei den neueren Erfindungen meist der Fall – Früchte der ausgebildeten wissenschaftlichen Kenntnis des betreffenden Gegenstandes, welche Kenntnis zunächst immer ohne direkte Aussicht auf möglichen Nutzen nur um der wissenschaftlichen Vollständigkeit der Gesamterkenntnis willen gewonnen worden war."[18] Eben dieser letzte Teil der Aussage ist interessant. Es geht zwar um die langfristig zu sichernden grundlegenden Beiträge zur Erkenntnis neuer Beziehungen und Gesetze in Natur, Gesellschaft und Bewußtsein, aber nicht nur. Solche Erkenntnisse sind ständig auf ihren Nutzen zu überprüfen. Der hohe Stand der Verwertung wissenschaftlicher Erkenntnisse am Ende des 19. Jahrhunderts, der in der Physik durch Helmholtz wesentlich über die Physikalisch-Technische-Reichsanstalt mit beeinflußt wurde, zeigt, wie wichtig die ständige Testung neuester Erkenntnisse auf ihre technologische Verwertung ist.

16 H. von Helmholtz, Philosophische Vorträge und Aufsätze, Berlin 1971, S. 156.

17 Ebenda, S. 156 f.

18 Ebenda, S. 157.

Diese technologische Verwertung von Erkenntnissen, unabhängig davon, ob sie die Produktions-, Gesellschafts- oder Bewußtseinstechnologie betrifft, führt zur *politisch-moralischen Dimension* der Verwertung. Noch H. Poincaré trennte Wahrheit und Wert. Er stellte fest, daß wir die wissenschaftliche und die moralische Wahrheit suchen, wobei Moral und Wissenschaft sich zwar berühren, aber sich nicht durchdringen. „Die eine zeigt uns das Ziel, nach dem wir streben sollen, die andere lehrt uns die Mittel erkennen, das gegebene Ziel zu erreichen. Sie können sich also nie widersprechen, weil sie sich nie begegnen. Es kann keine unmoralische Wissenschaft geben, so wenig wie es eine wissenschaftliche Moral geben kann."[19] Die Frage nach der wissenschaftlichen Begründung der Ziele, nach der Wahrheit der Wertvorstellungen wird nicht gestellt. Geschrieben noch vor dem ersten Weltkrieg, drückt dies die Auffassung von der Wissenschaft als reiner Wahrheitssuche aus. Die gesellschaftlichen Grundlagen für diese politisch-moralische Haltung zur Verwertung wissenschaftlicher Erkenntnisse zerstörte der Imperialismus. Sichtbar wurde das für viele Wissenschaftler mit dem Abwurf der Atombomben auf japanische Städte 1945. Im Manhattan-Projekt zum Bau der US-amerikanischen Atombombe waren Wissenschaftler und Techniker meist mit antifaschistischen und patriotischen Motiven tätig, um Massenvernichtungswaffen zu produzieren. Als der amerikanische Imperialismus sie dann gegen wehrlose Menschen einsetzte, waren viele am Bau Beteiligte betroffen. Für viele Wissenschaftler begann nun das Problem der gesellschaftlichen Verwertung wissenschaftlicher Erkenntnisse wieder zu einem wissenschaftlichen Problem zu werden. „Es gibt keine Forschung, die vom Leben völlig losgelöst ist. Auch der kühlste Forscher ist zugleich Mensch: Er möchte gerne recht behalten, seine Intuition bestätigt finden; er möchte sich auch einen Namen machen, Erfolg haben. Solche Hoffnungen sind ebenso Triebfedern seines Handelns wie der Drang nach Wissen.

In den letzten Jahrzehnten ist der Glaube an die Möglichkeit einer sauberen Trennung von objektiver Erkenntnis und erkennendem Subjekt durch die Wissenschaft selbst zerstört worden.

Auch im Betrieb der Wissenschaft und in ihrer Ethik ist eine Wendung eingetreten, die es unmöglich macht, das alte Ideal des reinen, nur auf Erkenntnis abzielenden Forschens aufrechtzuerhalten."[20] Bei M. Born führte der Atombombenabwurf zur Forderung an den Wissenschaftler, mögliche gesellschaftliche Konsequenzen wissenschaftlicher Arbeit mit zu bedenken. „Seitdem ist es uns klargeworden, daß wir durch die Ergebnisse unserer Arbeit mit dem Leben, mit Wirtschaft und Politik, mit dem sozialen Streit im Innern der Staaten und dem Machtkampf der Staaten untereinander unaufhörlich verstrickt sind und dadurch eine große Verantwortung tragen.

Ich möchte hier die Meinung vertreten, daß die Atombombe nur das letzte Glied einer lange vorher sichtbaren Entwicklung war, welche jetzt einer Krise zutreibt,

[19] H. Poincaré, Der Wert der Wissenschaft, Leipzig und Berlin 1921, S. 3.
[20] H. Born/M. Born, Der Luxus des Gewissens, München 1969, S. 183.

womöglich einer endgültigen, vernichtenden Katastrophe. Die Hoffnung, diese zu vermeiden, läßt sich nur gründen auf ein Verstehen des Weges, der uns in die heutige Lage gebracht hat."[21] Zwar sah M. Born die Bedeutung gesellschaftlicher Verhältnisse für die Verwertung wissenschaftlicher Erkenntnisse, aber er ging nicht bis zur Analyse der materiellen gesellschaftlichen Verhältnisse, der Produktionsverhältnisse weiter. So kam er letzten Endes zu einem ethischen Pessimismus, nach dem die Natur nicht in der Lage war, ein vernunftbegabtes Wesen hervorzubringen, das mit den Ergebnissen der Wissenschaft humane Ziele verfolgt.[22]

Die Verantwortung der Wissenschaftler als Forderung, humane, nützliche Folgen zu fördern und antihumane, schädliche Folgen zu verhindern, sachkundige Entscheidungen zu treffen und entsprechend zu handeln, das Handeln auszuwerten und Schlußfolgerungen für zukünftiges Verhalten zu ziehen, verbindet alle Problemdimensionen in der gesellschaftlichen. Die Verwertung wissenschaftlicher Erkenntnisse erfordert gesellschaftliche Verwertungsbedingungen, die Humanität als Anforderungsstrategie, Zielfunktion und Bewertungskriterien ermöglichen. Die Verantwortung bei der Wertung und Verwertung ist deshalb stets in Abhängigkeit von den gesellschaftlichen Verhältnissen zu bestimmen.

Theoretische Grundlagen

Es sollen wesentliche Gedanken Lenins zur theoretischen Lösung der mit dem Verhältnis von Wahrheit und Wert wissenschaftlicher Erkenntnisse verbundenen Probleme genutzt und ausgebaut werden. Lenin hat sich umfangreich mit der Wahrheitsauffassung, mit der parteilichen Stellung zur Wahrheit und mit der Bedeutung der Wissenschaft für den Sozialismus am Beispiel des GOELRO-Plans befaßt.[23] Seine Auseinandersetzung mit den philosophischen Fragen der Wissenschaftsentwicklung in der Arbeit „Materialismus und Empiriokritizismus" ist von direkter methodologischer Bedeutung für unser Thema.[24] Drei Aspekte sollen charakterisiert werden, nämlich die Kritik an der Wertfreiheit der Wissenschaft, das Verhältnis von objektiver, relativer und absoluter Wahrheit und die Komplexität der Wahrheit, um dann mit einigen Begriffsbestimmungen die theoretischen Grundlagen vervollständigen zu können.

[21] Ebenda, S. 184.

[22] H. Hörz, Mensch contra Materie?, Berlin 1976.

[23] Sowjetmacht und Wissenschaft, hrsg. von G. Kröber und B. Lange, Berlin 1975; H. Hörz, Marxistische Philosophie und Naturwissenschaften, Berlin 1974.

[24] H. Hörz, Wahrheit und Werte naturwissenschaftlicher Erkenntnisse, in: Deutsche Zeitschrift für Philosophie, 4/1979, S. 492–497.

Zur Wertfreiheit der Wissenschaft

Max Weber vertrat die Auffassung von der Wertneutralität wissenschaftlicher Tatsachenaussagen. Er forderte dazu auf, stets die Unterscheidung zwischen Tatsache und Wert zu beachten. Der Wissenschaftler muß ihm zufolge erklären, analysieren und informieren und seine leitenden Wertvorstellungen verdeutlichen. Aber aus den Tatsachen ergebe sich keine Bewertung mit logischen Mitteln.[25] Die in der Literatur oft anzutreffende Feststellung, daß Tatsachenaussagen nicht logisch in Sollaussagen umgewandelt werden können, hilft der Philosophie nicht weiter. Entweder kann unser Wissen dazu genutzt werden, wissenschaftlich begründete Handlungsanweisungen auszuarbeiten, dann sind die theoretischen Bindeglieder zwischen dem Tatsachenwissen und den in Regeln erfaßten Handlungsorientierungen zu bestimmen, oder unser Wissen hat nichts mit dem Handeln zu tun. Da letztere Auffassung abgelehnt wird, könnte aus der Leugnung der emotionalen und rationalen Bindeglieder zwischen Wissen und Handeln nur die Konsequenz gezogen werden, ewige Werte anzuerkennen, die allein außerwissenschaftlich zu begründen wären.

Obwohl die Auffassung Webers von der Wertfreiheit der Wissenschaft von Wissenschaftstheoretikern, wie K. R. Popper, und von Wissenschaftlern, wie J. Monod, geteilt wird, gibt es auch kritische Auffassungen dazu. „Es gibt aber mindestens drei größere Komplexe von Bedenken, die gegen diese Ansicht ins Feld geführt werden können. Erstens ist die Lehre überraschend schwer in logisch strengen Begriffen zu formulieren. Zweitens kann man sich zumindest darüber streiten, ob es nicht Tatsachen gibt, für deren Beschreibung auch im Prinzip keine rein tatsächlichen, wertfreien Ausdrücke verfügbar sind; zweifelhaft ist es auch, ob es überhaupt prinzipiell möglich ist, alle Vorannahmen seiner Erörterungen auf einmal darzulegen. Drittens ist die Lehre von der Wertfreiheit anscheinend selbst nicht ideologisch oder wertneutral."[26] Letzteres ist tatsächlich der Fall, wie die Bemerkungen zur Geschichte der Wissenschaften zeigen.

Mir scheint das Problem weniger in der logischen Formulierung zu liegen, als in der Beziehung von Tatsachen und Werten zu den gesellschaftlichen und persönlichen Interessen der wertenden Subjekte. Das hängt mit der Sprache als Widerspiegelungs- und Kommunikationsmittel zusammen. Die von uns benutzten Wörter sind einerseits Bezeichnungen für Begriffe, das heißt für Widerspiegelungen von Sachverhalten als theoretische Zusammenfassung von Erfahrungen des Menschen bei der theoretischen und praktischen Aneignung der Wirklichkeit. Sie sind gesellschaftlich determinierte historisch entstandene Konventionen, die kontextabhängig sind und sich im Begriffsinhalt verändern. Andererseits sind Wörter Kommunikationsmittel. Während in der Selbstkommunikation der Widerspiegelungsaspekt entscheidend ist, spielen in der Kommunikation mit anderen Menschen weitere Fak-

[25] M. Weber, Wissenschaft als Beruf, in: M. Weber, Gesammelte Aufsätze zur Wissenschaftslehre, Tübingen 1973, S. 582–613.

[26] A. Montefiore, Wertfreiheit. Werturteilsstreit, in: Handbuch wissenschaftstheoretischer Begriffe, hrsg. von J. Speck, Göttingen 1980, S. 704.

toren eine Rolle, die zu bewerteten Wörtern führen, mit denen Verhalten reguliert wird.[27] Damit wird das Problem komplizierter, da die Sprache erst Erkenntnisresultate mitteilbar macht. Die Vertreter der Wertfreiheit der Wissenschaft fordern berechtigt die Erkenntnis der objektiven Wahrheit als Widerspiegelung der objektiven Realität in Begriffen und Theorien. Sie wehren sich gegen die Deformation der objektiven Wahrheit durch subjektivistische Wertauffassungen. Aber sie beachten nicht die gesellschaftliche Determination des Erkenntnis- und Kommunikationsprozesses, der Wertungen wegen der notwendigen Verwertung wissenschaftlicher Erkenntnisse einschließt.

„Niemand muß die spezielle Darstellung einer gegebenen Menge von Tatsachen von irgendjemand anders akzeptieren; aber er muß akzeptieren, daß die Tatsachen, was immer sie sein mögen, letztendlich aufgefaßt werden müssen als etwas, das ihm gegenübersteht. Wenn also Tatsachen tatsächlich Werte mit sich bringen würden, müßten auch solche Werte letztlich als ‚sich aufdrängend' verstanden werden. Soweit es den einzelnen betrifft, müßte er erkennen, daß wenigstens einige seiner Verpflichtungen und Werte ihm von außerhalb seines eigenen Willens vorgegeben werden.

Nach der Lehre von der Wertfreiheit ist es jedem Einzelnen selbst überlassen, durch die Annahme der Tatsachen (was immer sie sein mögen) ihre Bewertung für sich selbst zu bestimmen. Die Welt versieht ihn nicht mit Werten – sie ist, wie man sagt, ‚absurd'; er muß seine Wertsetzung selbst vornehmen. In diesem Sinn ist die Lehre von der Wertfreiheit durch und durch eine Lehre der individuellen Verantwortlichkeit."[28] Die objektive Wahrheit ist im gesellschaftlichen Erkenntnisprozeß zu gewinnen, der Wert setzt die Erkenntnis des materiellen und kulturellen Lebensniveaus voraus, um den objektiv erreichten Freiheitsgewinn bestimmen zu können, und verlangt die Einsicht in das Möglichkeitsfeld zukünftiger Veränderungen. Wertvorstellungen umfassen die Charakteristik des gesellschaftlichen Zustandes und der daraus abgeleiteten Ziele. Der Kommunikationsprozeß schafft mit bewerteten Wörtern selbst Tatsachen, die der Erkenntnis unterliegen. Wegen der Komplexität der Beziehungen im gesellschaftlichen Verwertungsprozeß wissenschaftlicher Erkenntnisse ist es erforderlich, Wahrheit und Wert in ihrem Unterschied zu erkennen, aber zugleich die inneren Beziehungen als Grundlage von Einsichten in die Bewertung aufzudecken. Das hat Auswirkungen auf viele mit Wahrheit und Wert zusammenhängende Bestimmungen. Es geht um gesellschaftliche und persönliche Interessen bei der Wahrheitssuche, der Bewertung und Verwertung. Das wird immer mehr erkannt. „Wenn Neutralität wesentlich daraus besteht, in einem Konflikt, in dem man die Wahl hat, ob man sich an ihm beteiligen soll oder nicht, keiner von beiden Seiten zu helfen, wenn Unparteilichkeit wesentlich darin besteht, gleiche Fälle nach allgemein erkennbaren Regeln gleich zu behandeln, wenn

[27] Vgl. den Beitrag von **W. Bahner in diesem Band.**

[28] A. Montefiore, Wertfreiheit. Werturteilsstreit, in: Handbuch wissenschaftstheoretischer Begriffe, hrsg. von J. Speck, a. a. O., S. 704 f.

Objektivität in der Anstrengung liegt, so nah wie möglich an öffentlich nachprüfbaren Tatsachen zu bleiben, und wenn Uneigennützigkeit davon abhängt, daß in jemandes Handlung keine persönlichen Interessen im Spiele sind, dann kann man sehen, daß nicht nur diese Konzepte unterschiedlich sind, sondern daß es auch keinen a priorischen Grund gibt, warum, zum Beispiel, Unparteilichkeit immer uneigennützig sein soll oder warum Objektivität immer neutral sein muß. Das hängt immer von der Natur der involvierten Interessen oder der Konflikte, in die man vielleicht verwickelt ist, ab. Es gibt auch keinen generellen Grund für die Annahme, daß man Neutralität immer oder nie billigen muß. Während es nämlich wahr sein kann, daß der Bericht über einen Sachverhalt selbst weder Zustimmung noch Ablehnung implizieren muß, so kann es doch einen nicht-neutralen Eingriff in einen Konflikt bedeuten – in dem Interessen des Berichtenden im Spiel sein können oder nicht –, wenn man überhaupt einen solchen Bericht abgibt. Es kann verwirrend sein, alle diese verschiedenen Probleme unter dem einen Begriff „Werte" zu diskutieren."[29] Wichtig ist der Hinweis auf die mit Interessen verbundenen Konflikte, denn die Existenz objektiver dialektischer Widersprüche führt in der gesellschaftlichen Auseinandersetzung zu Interessenkonflikten und zur Notwendigkeit, die eigene Position wertend zu bestimmen.

Für J. Monod kennt die Erkenntnis keine Wertung. „Die Aufstellung des Objektivitätspostulats als Bedingung wahrer Erkenntnis stellt offensichtlich eine ethische Entscheidung und nicht ein Erkenntnisurteil dar, denn dem Postulat zufolge konnte es vor dieser unausweichlichen Entscheidung keine ‚wahre' Erkenntnis geben. Das Objektivitätspostulat stellt die Norm für die Erkenntnis auf und legt dafür einen Wert fest, der in der objektiven Erkenntnis selbst besteht."[30] Dagegen wäre einzuwenden, daß die Notwendigkeit des Objektivitätspostulats im Sinne der Forderung nach Erkenntnis objektiver praktisch überprüfter Wahrheiten in der Geschichte der Menschheit sich dem handelnden Menschen deshalb aufdrängt, weil Erkenntnis lebensnotwendig ist. Nur die Einsicht in objektive Zusammenhänge gibt dem Menschen Überlebenschancen. Sein Freiheitsgewinn ist direkt mit der Erkenntnis der Wahrheit verbunden, aber durch sie nicht allein erklärt. Es reicht nicht aus, als höchsten Wert der Wissenschaft die objektive Erkenntnis zu betonen, weil damit die gesellschaftliche Verwertung wissenschaftlicher Erkenntnisse nicht beachtet wird.

Lenin setzte sich mit der These von der Wertfreiheit der Wissenschaft in seiner bekannten Kritik des Objektivismus auseinander. „Der Objektivist spricht von der Notwendigkeit des gegebenen historischen Prozesses; der Materialist trifft genaue

[29] Ebenda, S. 711.

[30] J. Monod, Zufall und Notwendigkeit, München 1971, S. 215. Zu Monod kritisch: G. Besse u. a., Kritische Betrachtungen zu Jacques Monods „Zufall und Notwendigkeit", Berlin 1973 (Zur Kritik der bürgerlichen Ideologie *30*); H. Ley, Über die Schwierigkeiten des Einzelwissenschaftlers. Des Biologen Jacques Monod Kritik am historischen Materialismus und der Zwang zur Philosophie in den Naturwissenschaften, Berlin 1973 (Zur Kritik der bürgerlichen Ideologie *25*).

Feststellungen über die gegebene sozialökonomische Formation und die von ihr erzeugten antagonistischen Verhältnisse. Wenn der Objektivist die Notwendigkeit einer gegebenen Reihe von Tatsachen nachweist, so läuft er stets Gefahr, auf den Standpunkt eines Apologeten dieser Tatsachen zu geraten; der Materialist enthüllt die Klassengegensätze und legt damit seinen Standpunkt fest. Der Objektivist spricht von ‚unüberwindlichen geschichtlichen Tendenzen', der Materialist spricht von der Klasse, die die gegebene Wirtschaftsordnung ‚dirigiert' und dabei in diesen oder jenen Formen Gegenwirkungen der anderen Klassen hervorruft."[31] Die Unterschiede zwischen dem Objektivisten und dem Marxisten können auch heute bei der Untersuchung der gesellschaftlichen Determinanten und Konsequenzen der wissenschaftlich-technischen Revolution herausgearbeitet werden. Der gegenwärtige Objektivismus ist dabei durch die allgemeine Krise des Kapitalismus bedingt. Die historische und die politisch-moralische Dimension des Problems wirken sich aus. Der Objektivist hebt die Notwendigkeit der wissenschaftlich-technischen Revolution hervor, untersucht aber nicht, wie der Marxist, die Bedeutung sozialökonomischer Formationen und vor allem der Produktionsverhältnisse für den wissenschaftlich-technischen Fortschritt. Der Objektivist wird zu einem Apologeten der Tatsachen, wie Ressourcenprobleme, ökologische Krisen, erkennt aber nicht die gesellschaftlichen Interessen verschiedener Problemlösungen und die Entgegensetzung der kapitalistischen Profitproduktion und der humanen Gestaltung des wissenschaftlich-technischen Fortschritts im Sozialismus. Dadurch verfällt er einem illusionären Scheinhumanismus, der den Standpunkt des realen Humanisten nicht begreift. Die vom Objektivisten aus Phänomenbeschreibungen abgeleiteten Tendenzen zur Konvergenz der Gesellschaftssysteme oder zur postindustriellen Gesellschaft, die in verschiedenen Formen geschildert werden, verdecken die wirkliche Klassenauseinandersetzung. Der Marxist berücksichtigt Klasseninteressen und bestimmt so seinen Standpunkt in der Auseinandersetzung. „Auf diese Weise ist der Materialist einerseits folgerichtiger als der Objektivist und führt seinen Objektivismus gründlicher, vollständiger durch. Er begnügt sich nicht mit dem Hinweis auf die Notwendigkeit des Prozesses, sondern klärt, welche sozialökonomische Formation diesem Prozeß seinen Inhalt gibt, *welche Klasse* diese Notwendigkeit festlegt. Im gegebenen Fall z. B. würde sich der Materialist nicht mit der Feststellung ‚unüberwindlicher geschichtlicher Tendenzen' zufriedengeben, sondern auf das Vorhandensein bestimmter Klassen verweisen, die den Inhalt der gegebenen Verhältnisse bestimmen und die Möglichkeit eines Auswegs ausschließen, der nicht das Handeln der Produzenten selbst voraussetzt. Anderseits schließt der Materialismus sozusagen Parteilichkeit in sich ein, da er dazu verpflichtet ist, bei jeder Bewertung eines Ereignisses direkt und offen den Standpunkt einer bestimmten Gesellschaftsgruppe einzunehmen."[32]

[31] W. I. Lenin, Der ökonomische Inhalt der Volkstümlerrichtung und die Kritik an ihr in dem Buch des Herrn Struve, in: Werke, Bd. 1, Berlin 1961, S. 414.

[32] Ebenda.

Es geht also um die Erkenntnis der Tatsachen in ihrem eigenen Zusammenhang. Als Erkenntnisresultate haben wir dann Begriffe und Theorien. Theorien sind Erklärungen durch widergespiegelte objektive Gesetze und deren Wirkungsmechanismen unter konkreten Bedingungen. Schon in die Theorie gehen damit Verhaltensregeln ein. Aber Theorien können Entscheidungen nicht ersetzen. Sachkundige Entscheidungen verlangen vertiefte Gesetzeserkenntnis und bewertete Varianten aus dem Möglichkeitsfeld der Gesetze. Entscheidung ist Variantenauswahl im Rahmen vorgegebener Normen.[33] Es muß deshalb der Zusammenhang zwischen objektiven Gesetzen, Werten, Normen und Entscheidungen selbst wissenschaftlich untersucht werden. Das führt zu Einsichten in das Verhältnis von Entscheidungsspielraum und Verantwortungsbereich.[34] Erkenntnis und Wertung durchdringen sich, ohne aufeinander reduzierbar und auseinander logisch ableitbar zu sein.

Objektive, relative und absolute Wahrheit

Lenin verwies auf die Dialektik des Erkenntnisprozesses, indem er die Existenz der objektiven Wahrheit, das heißt des Inhalts unserer Vorstellungen betonte, der subjektabhängig ist und außerhalb des Bewußtseins existiert, und den Erkenntnisprozeß der objektiven Wahrheit über relative Wahrheiten hervorhob. „Vom Standpunkt des modernen Materialismus, d. h. des Marxismus, sind die *Grenzen* der Annäherung unserer Kenntnisse an die objektive, absolute Wahrheit geschichtlich bedingt, *unbedingt* aber ist die Existenz dieser Wahrheit selbst, unbedingt ist, daß wir uns ihr nähern. Geschichtlich bedingt sind die Konturen des Bildes, unbedingt aber ist, daß dieses Bild ein objektiv existierendes Modell wiedergibt. Geschichtlich bedingt ist, wann und unter welchen Umständen wir in unserer Erkenntnis des Wesens der Dinge bis zu der Entdeckung des Alizarins im Kohlenteer oder bis zur Entdeckung der Elektronen im Atom gelangt sind, unbedingt aber ist, daß jede solche Entdeckung ein Schritt vorwärts auf dem Wege der ‚unbedingt objektiven Erkenntnis' ist. Kurzum, geschichtlich bedingt ist jede Ideologie, unbedingt aber ist, daß jeder wissenschaftlichen Ideologie (zum Unterschied beispielsweise von der religiösen) die objektive Wahrheit, die absolute Natur entspricht."[35] Lenin bestimmt die verschiedenen Aspekte der Relativität in den Konturen des Bildes, die vom gegebenen Erkenntnishorizont abhängen, der durch die bisher erreichten Erkenntnisse, durch die materiellen und geistigen Mittel einer Epoche, durch die gesellschaftlichen Bedürfnisse, durch die Weltanschauung und durch die Wissenschaftlerpersönlichkeiten bestimmt ist. In der Literatur wird dazu die These von der doppelten Determiniertheit der Erkenntnis durch den Gegenstand und die sozialökonomische Formation vertreten.[36] Sie wird meines Erach-

[33] H. Hörz, Zufall – eine philosophische Untersuchung, Berlin 1980 (Schriften zur Philosophie und ihrer Geschichte *24*), S. 196 ff.

[34] H. Hörz, Der dialektische Determinismus in Natur und Gesellschaft, Berlin 1974.

[35] W. I. Lenin, Materialismus und Empiriokritizismus, in: Werke, Bd. 14, Berlin 1962, S. 130 f.

[36] Marxistisch-leninistische Erkenntnistheorie, Berlin 1978.

tens der Kompliziertheit der Erkenntnis deshalb nicht gerecht, weil die von Lenin genannten Faktoren der Relativität auf die Polydeterminiertheit des Erkenntnis*prozesses* verweisen, in die solche Faktoren, wie Theorienentwicklung, Gerätebau, Persönlichkeiten im Meinungsstreit, herrschende Weltanschauung und ihre Kritik u. a. eingehen. Der Gegenstand selbst kann nur über den Erkenntnisprozeß, was auch die konkret-historisch bestimmte Art und Weise wissenschaftlichen Arbeitens einschließt, das Erkenntnisresultat determinieren. Im Erkenntnis*resultat* ist entscheidend, ob der Gegenstand in seinem Wesen widergespiegelt ist. Da das Resultat objektive Wahrheit ist, muß die sozial-ökonomische Spezifik, die den Erkenntnisprozeß beeinflußt, im Resultat vernachlässigbar sein, wenn nicht die objektive Wahrheit in Frage gestellt werden soll.

Lenin verweist auf den Unterschied zwischen dialektischem Materialismus und Relativismus im Erkenntnisprozeß. „Ihr werdet sagen: Diese Unterscheidung zwischen relativer und absoluter Wahrheit ist unbestimmt. Ich antworte darauf: Sie ist gerade ‚unbestimmt‘ genug, um die Verwandlung der Wissenschaft in ein Dogma im schlechten Sinne dieses Wortes, d. h. in etwas Totes, Erstarrtes, Verknöchertes zu verhindern, sie ist aber zugleich ‚bestimmt‘ genug, um sich auf das entschiedenste und unwiderruflichste vom Fideismus und vom Agnostizismus, vom philosophischen Idealismus und von der Sophistik der Anhänger Humes und Kants abzugrenzen. Hier ist eine Trennungslinie, die ihr nicht bemerkt habt, und weil ihr sie nicht bemerkt habt, seid ihr in den Sumpf der reaktionären Philosophie hinabgeglitten. Dies ist die Trennungslinie zwischen dialektischem Materialismus und Relativismus.“[37] Wissenschaftliche Erkenntnis wird durch den Gegenstand (objektive Realität) in der gesellschaftlichen Praxis bestimmt und ist durch den Erkenntnishorizont begrenzt. Dieser Erkenntnishorizont wird durch neue Erkenntnisse auf der Grundlage gesellschaftlicher Tätigkeit der verschiedensten Art erweitert. Aber er existiert stets. Die These von der doppelten Determiniertheit der Erkenntnis soll offensichtlich auf das Problem aufmerksam machen, das entsteht, wenn der Erkenntnisprozeß auf die Wahrheitssuche eingeschränkt wird und die gesellschaftlichen Determinanten nicht berücksichtigt werden. Das Problem ist meines Erachtens in der Dialektik von objektiver, relativer und absoluter Wahrheit bereits gestellt und erfordert zur Lösung Fallstudien, die die Polydeterminiertheit statt der doppelten Determiniertheit zeigen. Wenn wir die Unterscheidung zwischen Erkenntnis*prozeß* und Erkenntnis*resultat* berücksichtigen, dann ist für die gesellschaftliche Verwertung wissenschaftlicher Erkenntnisse vor allem die gesellschaftliche Anerkennung einer Theorie, die Sensibilität für originelle Forschungsprogramme und die Umsetzung gesellschaftlich bedeutsamer Prinziplösungen durch Handeln in Technologien, das heißt Herrschaftsmittel des Menschen über Natur, Gesellschaft und Bewußtsein zu beachten. Dabei wird gewertet. Werte sind direkt sozialökonomisch determiniert. Vielleicht sollte deshalb die doppelte Determiniertheit der Erkenntnis als These aufgegeben werden und die

[37] W. I. Lenin, Materialismus und Empiriokritizismus, in: Werke, Bd. 14, a. a. O., S. 131.

Polydeterminiertheit des Erkenntnisprozesses und der Verwertung seiner Resultate, die objektive Determiniertheit der Wahrheit der Erkenntnisresultate in ihrer relativen Form durch den Gegenstand und die sozialökonomische Determiniertheit der Werte untersucht werden.

Zur Komplexität der Wahrheit

Lenin verweist darauf, daß sich erst in der Gesamtheit aller Seiten eines Gegenstands die Wahrheit realisiert.[38] Dieser Gedanke muß bei der gegenwärtigen und zukünftigen gesellschaftlichen Verwertung wissenschaftlicher Erkenntnisse unbedingt berücksichtigt werden. Mit der wissenschaftlich-technischen Revolution wächst die Komplexität wissenschaftlicher Aufgaben mit gesellschaftlicher Relevanz. Betreffen solche Aufgaben die Bedürfniskomplexe Energie, Rohstoffe, Umwelt, Ernährung, Gesundheit und Persönlichkeitsentwicklung, dann sind natürliche, gesellschaftliche, technologische, kulturelle und ideologische Faktoren in ihrer Komplexität zu berücksichtigen, die sich in Bedürfnisstrukturen niederschlagen. Disziplinär erarbeitete Erkenntnisse, deren Wahrheit für den speziellen Erkenntnisbereich überprüft ist, müssen in der Komplexität neu überprüft werden. Die alte Erfahrung, daß die Laborerkenntnis in der Pilotstation und dann in der Industrie trotz Nutzung von Simulationsmodellen in ihrer Wahrheit neu überprüft wird, bestätigt das. Noch komplexere Systeme sind vor allem dann zu berücksichtigen, wenn Bedürfnisse eine Rolle spielen und diese reguliert werden sollen. So zeigt sich die Komplexität der Wahrheit nicht nur in der technischen Realisierung naturwissenschaftlich erarbeiteter Prinziplösungen, sondern in der Umsetzung von Erkenntnissen in Technologie überhaupt. Darüber hinaus ist mit der Komplexität der Wahrheit auch das Verhältnis von globalen Theorien und detaillierter Forschung verbunden. Jede Theorie, die einen großen Erkenntnisbereich umfaßt, muß einerseits durch Teiltheorien über die differenzierten Prozesse des komplexen Erkenntnisgegenstandes gestützt sein. Die globale Theorie wird sonst zu einer beliebig füllbaren Leerformel, die keinen Ansatz für Technologien bietet. Sie ist andererseits keine Summe der Teiltheorien und deshalb nicht vernachlässigbar, da sie die Wechselwirkung der Teilsysteme in ihren Gesetzmäßigkeiten erfaßt. Das führt zur Unterscheidung zwischen wissenschaftlich berechtigten Reduktionen des Ganzen auf die Teile, der höheren Bewegungsform auf die niedere u. a. und philosophischem Reduktionismus. Zur Lösung komplexer Aufgaben müssen die komplexen Gegenstände in Teiluntersuchungen reduziert, das heißt unter Vernachlässigung wesentlicher Faktoren der Verhaltensweise des Systems, untersucht werden, was zu wahren Erkenntnissen führt. Die Komplexität der Wahrheit verlangt die Einordnung der spezialisierten Erkenntnisse in die globale Theorie, die selbst wissenschaftlich ausgearbeitet werden muß. Philosophischer Re-

[38] W. I. Lenin, Konspekt zu Hegels „Wissenschaft der Logik", in: Werke, Bd. 38, Berlin 1964, S. 186.

duktionismus liegt dann vor, wenn die aus reduzierten Erkenntnisgegenständen gewonnenen Erkenntnisse zur Erklärung des komplexen Systems genommen werden.

In den Vordergrund wissenschaftlichen Interesses treten in unserer Zeit immer mehr die Transformationen in der Struktur. Struktur als Gesamtheit allgemeiner und besonderer, wesentlicher und unwesentlicher, notwendiger und zufälliger Faktoren eines Systems in einem Zeitintervall, das durch die Existenz der Grundqualität des Systems bestimmt ist, wird in allen Bereichen umfangreich untersucht. Die Berechtigung der Strukturforschungen wurde einseitig im Strukturalismus betont. Die wissenschaftlich berechtigte Reduktion der Entwicklung auf Struktur hebt die notwendige Erforschung der Entwicklungsprozesse nicht auf. Struktur ist selbst geronnene Entwicklung. Besonderes Interesse ruft gegenwärtig der Strukturwandel hervor. Das ist von weltanschaulicher Bedeutung, denn es wird die Erkenntnis von der Einheit der Welt in der Materialität auch als genetische Einheit des Auseinanderhervorgehens bestätigt. So geht es um die Theorie dissipativer Strukturen, die einen physikalischen Rahmen für biotische Evolutionen bietet. Die Biologie der Erkenntnis wird die natürlichen Grundlagen der Bewußtseins- und Sprachentwicklung beleuchten. Das Problem der Sprachentwicklung und der Menschwerdung wird unter neuen Aspekten untersucht. Die Komplexität der Wahrheit zeigt sich nicht nur in der Vielzahl möglicher Strukturbeziehungen, sondern auch im Strukturwandel. Komplexe Wahrheitserkenntnis erhöht den Wert wissenschaftlicher Erkenntnisse im gesellschaftlichen Verwertungsprozeß.

Die Erkenntnis der Wahrheit muß in ihrer dialektischen Widersprüchlichkeit untersucht und der Wert wahrer Erkenntnisse bestimmt werden. Dieser Wert ergibt sich aus den traditionell bestimmten, dem Zustand des materiellen und kulturellen Lebensniveaus entsprechenden und die Ziele gesellschaftlichen Handelns einschließenden Wertvorstellungen einer Epoche. Es gibt keinen an sich existierenden Wert. Deshalb sind die Wertvorstellungen kritisch zu analysieren, ob sie die Zustandscharakteristika richtig erfassen und ob die Ziele den objektiven Möglichkeiten in den Gesetzen entsprechen. Die Frage, wer die Werte bestimmt, ist durch die Analyse der Entwicklung der Wertvorstellungen zu beantworten. Diese werden durch zwei Komponenten beeinflußt, durch die öffentliche Meinung und die Entscheidungsgremien. Die Rolle der Wissenschaft besteht deshalb darin, die wissenschaftliche Begründung der Wertvorstellungen voranzutreiben und Entscheidungen über öffentliche Meinung und Entscheider zu beeinflussen, damit wahre Erkenntnisse gesellschaftlich sinnvoll (im Sinne wissenschaftlich begründeter Wertauffassungen) verwertet werden.

Begriffsbestimmungen

Es wurde schon deutlich, daß die Wahrheitssuche zugleich ein Prozeß der Entsubjektivierung der Erkenntnisresultate ist, während die Wertsuche direkt mit der Verantwortung des wertenden Subjekts verbunden ist. Gesellschaftlich verwertete

Wissenschaft setzt Wahrheits- und Werterkenntnis voraus, vor allem dann, wenn es um die humane Gestaltung des wissenschaftlich-technischen Fortschritts im Sozialismus geht. Die Entsubjektivierung in den Erkenntnisresultaten hat verschiedene Aspekte. Sie umfassen den Übergang von der Alltagssprache zur wissenschaftlichen Sprache, die Nutzung allgemein anerkannter logischer Regeln zur Bestimmung der Konsistenz von Theorien und Folgerungen, die Einbeziehung individuell geschaffener Theorien in den gesellschaftlichen Theorienbestand, oft noch mit dem Namen des Begründers bezeichnet, aber längst über die Originalarbeiten hinausgewachsen, präzisiert, terminologisch gereinigt usw. Die Subjektivierung der Werterkenntnis ist durch die Sinngebung der Epoche und den Sinn des Lebens jedes einzelnen Menschen in seiner Verantwortung bestimmt.[39] Gefordert ist die wissenschaftlich begründete Stellungnahme des handelnden Subjekts. Wissenschaftliche Begründung ist gegen den Subjektivismus in der Wertung gerichtet, der entsteht, wenn die Wertvorstellung die objektiven Zustände und Möglichkeiten verkennt. Wer Freiheit dort postuliert, wo sie nicht ist, und Freiheitsgewinn da leugnet, wo er erreicht wurde, ist Subjektivist. Wertung im Sinn der höchsten Werte Freiheit, Frieden und Fortschritt zielt auf das verantwortungsbewußte Handeln der Menschen, um weiteren Freiheitsgewinn zu erreichen. Deshalb ist Wahrheit Voraussetzung der Wertung und Verwertung von Erkenntnissen.

Wahrheit ist die praktisch überprüfbare Adäquatheitsrelation zwischen objektiv-realen Prozessen (Erscheinungen) und Erkenntnisresultaten (Begriffen und Theorien), ausgedrückt in Termini, Aussagen und Aussagensystemen. Der Erkenntnisprozeß als Wahrheitssuche wird selbst untersucht, was zu wahren Aussagen über die Determiniertheit menschlichen Erkennens und Handelns führt. Die Wahrheit als zweistellige Relation zwischen objektiver Realität und Erkenntnisresultat wird im Prozeß der komplizierten gegenständlichen und theoretischen Aneignung der Wirklichkeit gewonnen. Wahrheit schließt die Richtigkeit, das heißt die logische Widerspruchsfreiheit von Theorien ein.

Gesellschaftliche Werte sind *Bedeutungsrelationen* von Sachverhalten (materielle und ideelle Gegebenheiten) für den Menschen in einer konkret-historischen gesellschaftlichen Situation. Diese Bedeutungsrelationen umfassen das Nützliche, das Sittliche und das Schöne. Es existiert jedoch eine *Wertehierarchie* mit der Freiheit an der Spitze. Freiheit ist die Beherrschung der gesellschaftlichen und natürlichen Umwelt des Menschen sowie seines eigenen Verhaltens durch Erkenntnis der Wahrheit und gesellschaftliche Verwertung wahrer Erkenntnisse über Technologien. Freiheit erfordert Frieden und gesellschaftlichen Fortschritt. Entscheidend ist in allen Bedeutungsrelationen der damit verbundene Freiheitsgewinn, der ein objektives Kriterium für gesellschaftlichen Fortschritt ist. Die *objektive Seite gesellschaftlicher Werte,* bezogen auf den Freiheitsgewinn als höchsten Wert, ist das erreichte materielle und kulturelle Lebensniveau eines Volkes und seiner einzelnen Persönlichkeiten und das sich daraus ergebene Möglichkeitsfeld für den zukünftig

[39] H. E. Hörz, Blickpunkt Persönlichkeit, Berlin 1975.

zu erreichenden Freiheitsgewinn. Die *subjektive Seite gesellschaftlicher Werte* umfaßt die traditionell erarbeiteten Wertvorstellungen und ihre Veränderung als gesellschaftlich bestimmten Reflex des Zustands und der möglichen Ziele in ihrer Widersprüchlichkeit. Objektive Möglichkeiten müssen in subjektive Ziele transformiert werden. Das ist ein komplizierter Erkenntnis- und Wertungsprozeß, der noch genauer untersucht werden muß.

Wertaussagen müssen wissenschaftlich begründet sein. Man kann auch von der *Wahrheit der Wertvorstellungen* sprechen, wenn man die Adäquatheit zwischen objektiver Bedeutung im Sinne der objektiven Klasseninteressen, dem objektiven Zustand und dem objektiven Möglichkeitsfeld auf der einen Seite und Wertaussagen (Wertvorstellungen) als Zustandscharakteristika und Zielbestimmungen auf der anderen Seite nimmt. Fehleinschätzungen des Zustands in einer Welt der schönen Bilder oder Geringschätzung erreichter Ergebnisse bei der Hebung des materiellen und kulturellen Lebensniveaus führen ebenso wie illusionäre Zielsetzungen zu Wertaussagen, die falsch sind. Sicher ist das Problem der Wahrheit und Falschheit von Wertaussagen mit den gesellschaftlichen Interessen und der ideologischen Auseinandersetzung zu verbinden. Es darf aber nicht wegen seiner Kompliziertheit aus dem Erkenntnisprozeß und damit der Wahrheitssuche ausgegliedert werden.

Zur Durchsetzung von Theorien

Es soll nur auf ein Problem aufmerksam gemacht werden, das in erkenntnistheoretischen Überlegungen zugunsten von Überlegungen zur Wahrheitssuche oft vernachlässigt wird. Der Wert wahrer wissenschaftlicher Theorien erweist sich erst, wenn die Theorie anerkannt oder gar schon über Technologien verwertet ist. Die Untersuchung einzelner Theorien zeigt, daß bestimmte Determinanten existieren. Vor allem zeigt der Theoriebildungsprozeß, daß die Theorienentwicklung nicht immer nach dem Muster der Problemlösungsprozesse von K. R. Popper oder der Paradigmenwechsel von Th. S. Kuhn verlaufen. Es existieren lange Zeit nebeneinander konkurrierende Theorien, es gibt Wechselbeziehungen zwischen globalen und speziellen Theorien, Struktur- und Evolutionstheorien. Manche Theorien werden erst dann als Theorie anerkannt, wenn sie in Lehrbüchern als solche bezeichnet oder durch wissenschaftliche Schulen immer wieder als Theorien genannt werden. Gewohnheit und Hartnäckigkeit sind nicht zu unterschätzen, denn es existiert ein gesellschaftliches Trägheitsgesetz, nach dem das gesellschaftliche Denken sich in Ruhe, das heißt bei der Anerkennung des erreichten Wissens, oder in gleichförmiger Bewegung, das heißt beim Ausbau auf der Grundlage der anerkannten Forschungsprogramme, befindet. Jede Beschleunigung, das heißt die Entwicklung origineller Forschungsprogramme mit neuen Ideen, bedarf einer besonderen Kraft. Die Schutzfunktion dieses Trägheitsgesetzes gegen Modernismus und Scheinwissenschaft ist sicher nicht zu unterschätzen. Es kann jedoch auch zum Hemmnis für neue Ideen werden. Dabei müssen neue Ideen erst zu Hypothesen verarbeitet werden, was manchmal geraume Zeit in Anspruch nimmt und manche Idee in Vergessenheit geraten läßt. Entscheidend ist dann das auf der Grundlage der Hypothese entwickelte theoretisch und praktisch abarbeitbare Forschungsprogramm, das die Hypothese bestätigt oder widerlegt. Existiert die durch das Forschungsprogramm bestätigte Hypothese in Form einer Theorie, das heißt einer Erklärung des Erkenntnisgegenstandes in seinen Gesetzmäßigkeiten, dann geht es um die gesellschaftliche Durchsetzung dieser Theorie, um sie in den Verwertungsprozeß einzubringen.

Diese Durchsetzung wird durch verschiedene Faktoren deformiert, von denen einige genannt werden sollen.[40]

Entscheidend für die Durchsetzung einer Theorie ist ihre Plausibilität für den Beurteiler. Wegeners Kontinentaldrifthypothese und seine darauf aufbauende Theorie fand starke Gegner in den etablierten Geologen, die dem Meteorologen neue Ideen in ihrem Bereich absprachen oder an alten Auffassungen festhielten. Da keine Schule existierte, war die Kraft für eine Beschleunigung mit dem Tod Wegeners 1930 fast verschwunden. In Amerika war es der wissenschaftlichen Karriere hinderlich, diese Theorie zu vertreten. Erst in den siebziger Jahren fand sie Anerkennung, nachdem sie in die Theorie der globalen Plattentektonik eingebaut wurde. Für die Plausibilität von Theorien spielen einflußreiche Förderer und deren wissenschaftliche und gesellschaftliche Autorität eine große Rolle. Deshalb ist es im Interesse schöpferischer neuer Ideen und origineller Forschungsprogramme wichtig, die einseitig orientierte, auf dem gesellschaftlichen Trägheitsgesetz beruhende Monopolisierung der Meinungsbildung zu verhindern.

Da die gesellschaftliche Wirksamkeit ein entscheidender Faktor für die Anerkennung einer Theorie ist, wird manchmal der Status der Theorie einem Aussagensystem erst dann zuerkannt, wenn diese Wirksamkeit einsichtig vorliegt. Aber nicht jede Theorie kann sofort in Technologie umgesetzt werden. Das kann ihre Anerkennung und Verwertung lange Zeit behindern.

Oft wird die Frage diskutiert, wie weit eine Theorie empirisch fundiert sein muß, um als Theorie anerkannt zu werden. Für globale Theorien ist die empirische Fundierung sicher nicht leicht. Das zeigt wiederum die Theorie der Kontinentalverschiebungen, der die ungenügende empirische Bestätigung in den zwanziger Jahren vorgehalten wurde. Kosmologische Theorien sind mit verschiedenen empirischen Befunden belegbar. Trotzdem scheint die manchmal anzutreffende Behauptung, daß globale Theorien zu früh kämen, weil sie empirisch nicht fundierbar wären, nicht richtig zu sein. Jede Hypothese, zum Forschungsprogramm ausgearbeitet, kann überprüft werden. Ist ein Forschungsprogramm nicht zu erbringen, das dem Erkenntnishorizont und seiner möglichen Verschiebung entspricht, dann handelt es sich nicht um eine Theorie, sondern um eine nicht geprüfte Hypothese.

Wenn man die Einwände Heisenbergs gegen die Elementarteilchenphysik seiner

[40] H. Hörz, Alfred Wegener als Wissenschaftler seiner Zeit (im Druck).

Zeit überlegt, die die ungenügende theoretische Durchdringung der Suche nach neuen Elementarteilchen zum Anlaß nahm, um gegen neue Beschleuniger zu polemisieren, dann ist ein weiterer hemmender Faktor angesprochen. Es ist nicht leicht, die Notwendigkeit vor allem tieferer theoretischer Arbeit einerseits oder vordringlichen empirischen Suchens andererseits in einer bestimmten Wissenschaft zu einer bestimmten Zeit mit konkreter Forschungssituation zu bestimmen. Das ist jedoch Voraussetzung, um die Entwicklung von Theorien fördern zu können. Die empirischen Befunde jedenfalls brachten die Hochenergiephysiker zu einer erstaunlichen theoretischen Leistung, nämlich den Eichfeldtheorien als Grundlage der Elementarteilchenordnung. Diese wenigen Hinweise sollen nur zeigen, daß die Bewertung wahrer Erkenntnisse als Grundlage der gesellschaftlichen Verwertung selbst bestimmte Determinanten hat.

Wertaspekte

Aus der Geschichte kennen wir die Bedeutungsrelationen der Nützlichkeit, der Sittlichkeit und der Schönheit. Sie gelten, wie die Betrachtung zu den Problemdimensionen zeigt, auch für uns. Deshalb sollen kurze Anmerkungen auf einige damit verbundene Probleme verweisen.

Der *Nützlichkeitsaspekt* umfaßt die gesellschaftliche Verwertung wissenschaftlicher Erkenntnisse zur Erweiterung der Herrschaft des Menschen über die Natur, die Gesellschaft, das Bewußtsein und das eigene Verhalten. Er erfordert Produktions-, Gesellschafts- und Bewußtseinstechnologien. Zu enges Nutzendenken würde jedoch Wissenschaft nur an die Produktion materieller Güter und damit an ihre Funktion als Produktivkraft binden. Es sind die auf den Erkenntnisfortschritt orientierte Kulturkraftfunktion und die auf die effektive Gestaltung der Sozialstrukturen und die humane Orientierung des wissenschaftlich-technischen Fortschritts gerichtete Sozial- und Humankraftfunktion ebenso zu berücksichtigen. Dabei zeigt die ungenügende Ausarbeitung der Bewußtseinstechnologien, daß die aktive humane Einwirkung auf die Bewußtseinsprozesse, bei allen Erfolgen sozialistischer Bewußtseinsentwicklung, noch ungenügend die Bedürfnisentwicklung über Leitbilder, Ideale, Wertvorstellungen aktiv im Interesse des Freiheitsgewinns beeinflußt. Bedürfnisse sind fast nur der Spontaneität überlassen, was wiederum die Anstrengungen für die Produktionstechnologie erhöhen muß, weil die Bedürfnisse befriedigt werden müssen. Die Gesellschaftstechnologie muß sich den gesellschaftlichen Triebkräften für Effektivität im Sozialismus zuwenden, um mögliche Verluste an Effektivität, die Verluste an Humanität sind, abzubauen. Eine besondere Rolle beim Nützlichkeitsaspekt spielt die Ökonomie. Das technisch Machbare erfordert ökonomischen Aufwand, der selbst erst erwirtschaftet werden muß. So ist die Nützlichkeit im ökonomischen Rahmen zu sehen, der Prioritäten und langfristige Strategien für die Bedürfniskomplexe mit abarbeitbaren Stufenprogrammen verlangt. Dieser Rahmen kann durch Erhöhung der Effektivität erweitert werden. Deshalb ist Nützlichkeit stets im Sinne der langfristigen Befriedigung der materiellen und kulturellen Bedürfnisse zu sehen, was Produktivkraftentwicklung als Grundlage der Persönlichkeitsentwicklung im Sinne des Freiheitsgewinns voraussetzt. Kurzfristiges Nutzendenken muß im Rahmen langfristiger Strategien erfolgen. Dazu gilt es, die mittelbare und unmittelbare Wirkung der Wissenschaft auf die Gesellschaft zu berücksichtigen.

Der *Sittlichkeitsaspekt* umfaßt im Sozialismus die humane Gestaltung des wissenschaftlich-technischen Fortschritts in seinen Auswirkungen auf die Gesellschaft, auf Kollektive und auf den einzelnen Menschen. Unser Humanismus ist die theoretische und praktische Gestaltung gesellschaftlicher Beziehungen unter Nutzung der entwickelten Produktivkräfte, um höchstmöglichen Freiheitsgewinn für die frei assoziierten Persönlichkeiten zu erreichen. Der Humanismus ist Zielfunktion, Bewertungskriterium und Anforderungsstrategie. Damit sind wir wieder beim Ausgangspunkt angelangt. Es gilt für die gesellschaftliche Verwertung wahrer wissenschaftlicher Erkenntnisse, die Werte in humanen Standpunkten als Bewertungskriterien zu bestimmen. Das ist für die Wissenschaft, wenn sie sich als Grundlage politischer Entscheidungen bewähren soll, keine leichte Aufgabe, denn Freiheitsgewinn im Sinne humaner Persönlichkeitsentwicklung ist nur mit strategischen Programmen zu erreichen. Das erfordert Denken in kommunistischen Dimensionen, um die realen Möglichkeiten gegenwärtiger Entwicklung mit zukünftigen Zielvorstellungen voll ausschöpfen zu können. Dazu gehören die Gestaltung der Arbeits- und Lebensweise, die Entwicklung kultureller Bedürfnisse ebenso, wie die Gestaltung der Kommunikationsbeziehungen und der Gebrauch und mögliche Mißbrauch elektronisch vermittelter und gespeicherter Information. Der Sittlichkeitsaspekt orientiert neben der Vermeidung schädlicher antihumaner Wirkungen des wissenschaftlich-technischen Fortschritts vor allem auf die sittlichen Ideale als Ziele unseres gegenwärtigen Handelns. Das höchste sittliche Ideal ist die Assoziation freier Persönlichkeiten und deren Freiheitsgewinn. Die Herausbildung entsprechender Wertvorstellungen als Motivationsfaktoren setzt Erziehung zur Sittlichkeit voraus.

Der *Schönheitsaspekt* umfaßt den Genuß, den Gegebenheiten (materielle Produkte, Ideen, Kunstwerke) dem Menschen bieten. Er wird mehr der Kunst als der Wissenschaft zugesprochen. Sicher dient die ästhetische Aneignung der Wirklichkeit mehr dem Schönen als die Wissenschaft. Aber auch diese muß helfen, das Schöne zu fördern, um dem Menschen Genuß zu verschaffen. Branstner läßt in seinem Stück „Kantine" Toredid die Frage stellen, ob nicht das sittliche Prinzip in der zukünftigen klassenlosen Gesellschaft durch das ästhetische abgelöst würde. Sicher wird die Vielfalt der Werte (Bedeutungsrelationen) nicht eingeschränkt werden, auch wenn die Durchsetzung der Sittlichkeit im gesamtgesellschaftlichen Rahmen nicht mehr so entscheidend behindert wird wie heute durch die antagonistischen Klassenbeziehungen des Kapitalismus; ihr Wegfall hebt die Rolle des Sittlichen im Verhalten der Menschen untereinander nicht auf. Die Möglichkeit, rechtliche Regelungen sittlicher Forderungen, die staatlich sanktioniert sind, durch sittliche Regelungen der öffentlichen Meinung zu ersetzen, wird dann besser genutzt werden können. Das als schön zu bezeichnen, erfaßt nicht voll den Bedeutungsaspekt der Schönheit. Man kann von der Schönheit moralischen Verhaltens und nützlicher Produkte sprechen. In diesem Sinne wird die Harmonie wissenschaftlicher Gleichungssysteme in ihrer Einfachheit für komplizierte Systeme als schön bezeichnet. Auch der Genuß beim Lesen einer wissenschaftlichen Arbeit wird betont. Sicher ist mit einfachen Gleichungen und sittlichem Verhalten Genuß verbunden. Aber Genuß verlangt mehr, nämlich Formgestaltung, geistige Anregung und Harmoniegefühl. Das Nützliche und Sittliche gehören sicher dazu.

Konsequenzen

Erstens: Wissenschaft darf nicht nur im engeren Sinn als Wahrheitssuche verstanden werden. Sie umfaßt im weiteren Sinn die Bewertung und gesellschaftliche Verwertung wissenschaftlicher Erkenntnisse. Diese entstehen nicht einfach als Ablösung falscher durch wahre und relativ wahrer durch umfassendere Theorien allein. Im Erkenntnisprozeß spielen Wertvorstellungen eine Rolle, die den Sinn des Lebens, der wissenschaftlichen Arbeit und damit die Parteilichkeit bestimmen.

Zweitens: Der gesellschaftliche Verwertungsprozeß wissenschaftlicher Erkenntnisse hat verschiedene Dimensionen, die umfassender zu untersuchen sind. Es ist nicht nur der Unterschied zwischen Wahrheit und Wert zu sehen, sondern ihre Verflechtung zu bestimmen. Die Kritik an der Auffassung von der Wertfreiheit der Wissenschaft hebt die Erkenntnis nicht auf, daß die Wahrheitssuche wesentlicher Bestandteil der Wissenschaft ist. Deshalb ist der Vulgärsoziologismus zurückzuweisen, der Wissenschaft allein an spezifische gesellschaftliche Interessen binden will und den Prozeß objektiver Wahrheitssuche, die Produktivkraftentwicklung und den historischen Freiheitsgewinn nicht berücksichtigt. Einseitige Haltungen zur Sittlichkeit, die moralisches Verhalten gegenwärtig als unmöglich bezeichnen, zur angeblich wissenschaftlich nicht begründbaren Ethik, zur wertfreien Wissenschaft, zur Unterschätzung der ästhetischen Werte sind begründet zurückzuweisen.

Drittens: Die Rolle der Technologie in der Breite der Umsetzung wissenschaftlicher Erkenntnisse zu Herrschaftsmitteln in der Natur, der Gesellschaft und dem Bewußtsein ist genauer zu untersuchen, um die humane Gestaltung der natürlichen und gesellschaftlichen Umwelt des Menschen, seines eigenen Erkennens und Handelns zu fördern.

Viertens: Die Bewertung wissenschaftlicher Erkenntnisse muß Wahrheit (Richtigkeit) zur Voraussetzung haben, um die Kriterien der Nützlichkeit, Sittlichkeit und Schönheit anwenden zu können. In der Wertehierarchie steht die Freiheit durch Fortschritt im Frieden an der Spitze, weshalb der Freiheitsgewinn alle Wertaspekte zusammenfaßt. Der sozialistische Humanismus ist als Zielfunktion durch kommunistische Zukunftsmodelle, als darauf aufbauendes Bewertungskriterium und als Anforderungsstrategie weiter auszuarbeiten.

Hubert Horstmann

Einige Besonderheiten des Zusammenhangs von Objektivität und Parteilichkeit in den Naturwissenschaften

Die Frage nach den Besonderheiten des Zusammenhangs von Objektivität und Parteilichkeit in den Naturwissenschaften läßt sich überhaupt nur stellen, wenn wir von der Annahme ausgehen, daß es in den Naturwissenschaften (ähnlich wie in den Gesellschaftswissenschaften) einen solchen inneren, notwendigen Zusammenhang gibt. Zu dieser Annahme berechtigt uns die Einsicht, daß Erkennen *stets* ein aktiv gerichteter, mit Auswahl und Wertung verbundener Prozeß ist. Auswahl und Wertung aber erfolgen auf der Grundlage menschlicher Interessen. Interessen richten das Erkenntnisvermögen des Subjekts auf bestimmte Objekte, und eben diese Interessen-Gerichtetheit der Erkenntnis ist das, was gemeinhin unter Parteilichkeit (allerdings in einem sehr weiten Sinne) in der Erkenntnis verstanden wird. Damit ist klar, daß Parteilichkeit keineswegs im Gegensatz zur Forderung nach wissenschaftlicher Objektivität steht. Parteilichkeit richtet das Erkennen auf *bestimmte* Objekte, Objektivität ist die Forderung, jene bestimmten, ausgewählten Objekte adäquat, möglichst weitgehend „frei von Zutat subjektiver Reflexion", wie Hegel sagt, widerzuspiegeln.

Aus der Tatsache, daß Erkennen gar nicht anders denn als parteiliches, interessengerichtetes Erkennen möglich ist, ergeben sich folgende Feststellungen und Fragen:

1. Es hat nie eine unparteiliche Naturwissenschaft gegeben. Frage: Wie kommt die Parteilichkeit der Naturwissenschaften konkret zum Ausdruck und zur Wirkung? Erschöpft sie sich in bestimmten Haltungen und Verhaltensweisen der erkennenden Subjekte im Erkenntnisprozeß, ist sie ein konstitutives Moment adäquater Widerspiegelung, findet sie auch einen Niederschlag in den Erkenntnis*resultaten,* also in den naturwissenschaftlichen Aussagen und Theorien?

2. Im historischen Prozeß der Klassenspaltung hat die Parteilichkeit Klassencharakter angenommen. Wir unterscheiden heute grundlegend zwischen bürgerlicher und proletarischer bzw. kommunistischer Parteilichkeit. Frage: Widerspiegelt sich der *Klassen*charakter der Parteilichkeit auch in den Naturwissenschaften?

3. Was bedeutet angesichts der Tatsache, daß wissenschaftliches Erkennen ohnehin nur als parteiliches Erkennen möglich ist, die Leninsche und auch in den Dokumenten der SED zum Ausdruck gebrachte Forderung nach „mehr" Parteilichkeit in der Wissenschaft? Was bedeutet sie speziell mit dem Blick auf die Naturwissenschaften? Das Programm der SED weist auf die Notwendigkeit hin, „die

Aufgaben für die Forschung ... stets zugleich aus den Bedürfnissen der Gesellschaft, aus den Reproduktionsbedingungen der sozialistischen Volkswirtschaft und dem Entwicklungsstand der jeweiligen Wissenschaftsdisziplin" abzuleiten.[1] Offenbar ist damit ein überaus wichtiger Aspekt unserer Fragestellung angesprochen: Es geht heute darum, mehr *bewußte* Parteilichkeit zu erzeugen, solche zum Beispiel, die naturwissenschaftliches Erkennen und Forschen von vornherein auf gesellschaftlich relevante Zielstellungen und Schwerpunkte orientiert.

Schon diese einleitenden Bemerkungen zeigen, daß die Frage nach der Rolle der Parteilichkeit in den Naturwissenschaften einen ganzen Komplex von Problemgruppen und selbständigen Einzelfragen umfaßt. Ich möchte auch auf die historische Dimension solcher Fragen hinweisen. Denn der Zusammenhang von Objektivität und Parteilichkeit ist keineswegs erst seit der Entstehung des Marxismus-Leninismus Gegenstand philosophischer Reflexionen und weltanschaulicher Kontroversen. Unter dem spezifischen Blickwinkel des Zusammenhangs von Erkenntnis und Interesse bzw. der Frage nach der Rolle und dem Triebkraftcharakter von Interessen im Erkenntnisprozeß durchzieht er als theoretische Problemstellung zumindest seit Gassendi und Hobbes, über die französischen Materialisten bis zu Kant, Fichte und Hegel die Geschichte philosophischen Denkens.

Eine *erste Gruppe* philosophiehistorisch aufgeworfener Probleme bezieht sich auf die Mitverantwortung des Naturwissenschaftlers für den gesellschaftlichen Fortschritt. J. G. Fichte charakterisiert diese Mitverantwortung in seiner Jenaer Vorlesung „Von den Pflichten der Gelehrten" mit folgenden Worten: „Keiner hat das Recht, bloß für den eigenen Selbstgenuß zu arbeiten, sich vor seinen Mitmenschen zu verschließen, und seine Bildung ihnen unnütz zu machen; denn eben durch die Arbeit der Gesellschaft ist er in den Stand gesetzt worden, sie sich zu erwerben, sie ist in einem gewissen Sinne ihr Produkt, ihr Eigenthum; und er beraubt sie ihres Eigenthums, wenn er ihnen dadurch nicht nützen will. Jeder hat die Pflicht, ... alle seine Bemühungen auf den letzten Zweck der Gesellschaft zu richten, ... (sie) immer freier von dem Zwange der Natur, immer selbstständiger und selbstthätiger zu machen."[2] Diese Worte Fichtes sind heute aktuell wie je zuvor, sie gewinnen mit der Feststellung des Programms der SED, „der wissenschaftlich-technische Fortschritt ist Hauptfaktor der Intensivierung und beeinflußt die Lösung aller anderen Aufgaben entscheidend",[3] neue Dimension und Bedeutung.

In die erste hier genannte Problemgruppe gehören also Fragen der gesellschaftlich-moralischen Verantwortung des Wissenschaftlers für die Bestimmung der Forschungsaufgaben, den effektiven Einsatz des Forschungspotentials und der Mitverantwortung für die praktische Anwendung und weltanschauliche Interpretation der Forschungsergebnisse.

[1] Programm der Sozialistischen Einheitspartei Deutschlands, Berlin 1976, S. 47 f.

[2] J. G. Fichte, Von den Pflichten der Gelehrten. Jenaer Vorlesungen 1794/95, hrsg. von R. Lauth, H. Jacob, P. K. Schneider, Berlin 1972, S. 30.

[3] Programm der Sozialistischen Einheitspartei Deutschlands, a. a. O.. S. 27.

Eine *zweite Problemgruppe* bezieht sich auf die Rolle der Parteilichkeit (bzw. den Zusammenhang von Objektivität und Parteilichkeit) im naturwissenschaftlichen Erkenntnisprozeß. Um zu verdeutlichen, was damit gemeint ist, möchte ich zunächst zwei scheinbar kontroverse Standpunkte J. W. v. Goethes und G. W. F. Hegels zitieren. In seinem Aufsatz „Der Versuch als Vermittler von Objekt und Subjekt" gesteht Goethe dem praktischen Alltagsmenschen das Recht zu, die Naturgegenstände stets „in bezug auf sich selbst" zu betrachten, denn, so führt er aus, „es hängt sein ganzes Schicksal davon ab, ob sie ihm gefallen oder mißfallen, ob sie ihn anziehen oder abstoßen, ob sie ihm nutzen oder schaden". Vom Naturwissenschaftler dagegen fordert Goethe Verzicht auf den Maßstab des Nutzens und Schadens; er soll untersuchen, *was ist,* und nicht, *was behagt,* er soll die Gegenstände nicht in ihren Beziehungen zu den Menschen, sondern „an sich selbst und in ihren Verhältnissen miteinander" beobachten.[4] „So soll den echten Botaniker weder die Schönheit noch die Nutzbarkeit der Pflanzen rühren, er soll ihre Bildung, ihr Verhältnis zu dem übrigen Pflanzenreiche untersuchen ... und den Maßstab zu dieser Erkenntnis, die Data der Beurteilung nicht aus sich, sondern aus dem Kreis der Dinge nehmen, die er beobachtet."[5]

Hegel scheint diesem Standpunkt radikal zu widersprechen. Zwar unmittelbar auf die Methode der Philosophiegeschichtsschreibung bezogen, doch implizit mit dem Anspruch auf eine allgemeingültige Erkenntnisregel, erklärt er: „Mit dem Gemeinplatze einer solchen Forderung", „... die Tatsachen ohne Parteilichkeit, ohne ein besonderes Interesse und Zweck ... geltend machen zu wollen ... kommt man jedoch nicht weit". Denn notwendig, führt er aus, hänge die Untersuchung eines Gegenstandes aufs engste mit der Vorstellung zusammen, welche man sich von demselben mache: „Danach bestimmt sich schon dasjenige, was für ... wichtig und zweckmäßig erachtet wird, und die Beziehung des Geschehenen auf denselben bringt eine Auswahl der ... Begebenheiten, eine Art, sie zu fassen, Gesichtspunkte, unter welche sie gestellt werden, mit."[6]

Goethe will in der wissenschaftlichen Naturbetrachtung auf den Maßstab des Nutzens und Schadens verzichten; Hegel betont, Erkenntnis werde *stets* mit einem bestimmten Interesse und Zweck betrieben. Stehen sich hier also zwei Auffassungen diametral gegenüber? Das ist mitnichten der Fall. Denn die Äußerungen Goethes und Hegels sind, wie ich später zu zeigen versuchen werde, auf ganz unterschiedliche Erkenntnisprobleme gemünzt.

Die *dritte* große *Problemgruppe* bezieht sich auf die Frage danach, ob naturwissenschaftliche Erkenntnisse selbst, also wahre Aussagen und Theorien, einen parteilichen Inhalt haben können oder nicht. In Thomas Hobbes' „Leviathan" finden sich in dieser Hinsicht denkwürdige Sätze, die Lenin mit den Worten zu-

4 J. W. von Goethe, Der Versuch als Vermittler von Objekt und Subjekt, in: Goethes Philosophie, hrsg. von M. Heynacher, Leipzig 1922, S. 131.

5 Ebenda, S. 132.

6 G. W. F. Hegel, System und Geschichte der Philosophie, hrsg. von J. Hoffmeister, Leipzig 1944, S. 8.

sammenfaßt: „Würden geometrische Axiome an menschliche Interessen rühren, so würde man sicherlich versuchen, sie zu widerlegen."[7] Lenin will damit selbstverständlich nicht sagen, daß naturwissenschaftliche Erkenntnisse, wie beispielsweise die geometrischen Axiome, schlechthin nicht an menschliche Interessen rühren. Es ist zu bezweifeln, daß es solche Erkenntnisse überhaupt gibt. Gäbe es nämlich jemals solche keinem einzigen Interesse und Zweck dienstbaren Erkenntnisse, dann fielen sie sehr schnell der Vergessenheit anheim. Gemeint ist vielmehr, und darin liegt das hier zur Debatte stehende Problem: nicht alle naturwissenschaftlichen Erkenntnisse rühren gleichermaßen unmittelbar an spezifische *Klassen*interessen. Objekt der Parteilichkeit, als einer Parteilichkeit gesellschaftlicher Klassen, kann aber nur sein, was sich auf Klasseninteressen bezieht (ihnen entspricht oder widerspricht), nicht ambivalent gegenüber gegensätzlichen Klasseninteressen ist.

Daß es überhaupt eine solche Ambivalenz menschlicher Erkenntnisse gegenüber gegensätzlichen Klasseninteressen gibt, liegt offenbar sowohl am *Gegenstand* der Naturwissenschaften als auch an der Spezifik *naturwissenschaftlicher Widerspiegelung*. Dies ist näher zu untersuchen.

Damit sind drei Problemgruppen des Fragens nach der Rolle der Parteilichkeit in den Naturwissenschaften abgesteckt, die der kooperativen Bearbeitung durch marxistische Philosophen und Naturwissenschaftler der verschiedensten Disziplinen harren. Wenden wir uns zunächst dem Verhältnis von Parteilichkeit und Gegenstand der Naturwissenschaften zu.

Gesellschaftswissenschaftliches *und* naturwissenschaftliches Erkennen ist stets zweckgerichtet und interessengeleitet und damit gleichermaßen parteilich. Andererseits existieren in dieser Hinsicht qualitative Unterschiede zwischen den beiden Erkenntnisbereichen. Worin bestehen sie? Vor allem darin, daß der *Gegenstand* der Gesellschaftswissenschaften, die menschliche Gesellschaft, im Unterschied zu jenem der Naturwissenschaften, Klassencharakter trägt. Es ist eine notwendige Bedingung und das erklärte Ziel *wissenschaftlicher* Gesellschaftserkenntnis, gerade diesen Klassencharakter aller Erscheinungen des gesellschaftlichen Lebensprozesses, die objektiven Interessen der Klassen, ihre Interessengegensätze und die historische Rolle ihres Kampfes um die Verwirklichung gegensätzlicher Interessen zu erfassen. Das heißt, Gesellschaftserkenntnis ist *sowohl* vom Prozeß *als auch* von den Resultaten der Erkenntnis (den Theorien) her parteilich: Ersterer ist von Interessen geleitet, letztere bilden mehr oder weniger adäquat objektive Klasseninteressen und -beziehungen ab.

Der Gegenstand der Naturwissenschaften, die anorganische und organische Natur in ihren Struktur-, Bewegungs- und Entwicklungszusammenhängen, existiert unabhängig von der menschlichen Gesellschaft und den Klassen – er trägt keinen Klassencharakter. Zwar verändert der Mensch die ihn umgebende Natur gemäß seinen Klasseninteressen, entäußert und vergegenständlicht seine Wesenskräfte in

[7] W. I. Lenin, Marxismus und Revisionismus, in: Werke, Bd. 15, Berlin 1972, S. 19.

der Natur und „sozialisiert“ oder „humanisiert“ sie in diesem Sinne; doch diese Rückwirkung des Menschen auf die Natur und ihre spontan oder planmäßig herbeigeführten Folgen sind nicht Gegenstand der Naturwissenschaften, sondern interdisziplinärer Untersuchungen, wie sie beispielsweise zur Ökologie-Problematik, zur Produktivkraftentwicklung, zu den Folgen der wissenschaftlich-technischen Revolution durchgeführt werden.

Die Parteilichkeit der Naturwissenschaften ergibt sich also nicht, wie jene der Gesellschaftswissenschaften, erstrangig aus dem Charakter der widergespiegelten Objekte selbst. Woraus aber dann? Wir hatten festgestellt, daß Naturerkenntnis, ebenso wie Gesellschaftserkenntnis, zweckgerichtet und interessengeleitet ist. Damit irgendein Naturgegenstand überhaupt zum Objekt der Wissenschaft, der theoretischen Aneignung werden kann, muß er *wert sein,* angeeignet zu werden, das heißt, er muß von Bedeutung für den wissenschaftlichen Fortschritt oder die unmittelbare Praxis sein. In der Bestimmung dieses Wert-Seins, im Auswählen, Bevorzugen gerade dieser oder jener Naturgegenstände aus der Menge der uns umgebenden Gegenstände, äußert sich ein sehr wichtiger, wenn auch nicht der einzige Grundzug der Parteilichkeit in den Naturwissenschaften.

Bewertung setzt Bewertungskriterien voraus. Angesichts der gewaltigen materiellen und finanziellen Aufwendungen, die heute für naturwissenschaftliche Grundlagenforschung aufgebracht werden müssen, unterliegt es keinem Zweifel, daß diese Kriterien letzten Endes ökonomischer Natur sind. Ob eine bestimmte Forschungsrichtung als „aussichtsreich“ anerkannt und finanziert wird, ist eine Frage ihres tatsächlichen oder erhofften, aktualen oder perspektivischen Nutzens für die Produktivkraftentwicklung, das heißt letztlich ihres Nutzens für den jeweiligen (Klassen-)Eigentümer an den Produktionsmitteln. Die herrschende Klasse in den kapitalistischen Ländern bringt ihre parteilichen Interessen an der Grundlagenforschung auf vielfältige Weise zur Geltung. Entscheidenden Einfluß auf die Grundlagenforschung sichert sie sich beispielsweise über die wissenschaftlichen Gesellschaften, über Stiftungen usw. Um nur ein Beispiel zu nennen: Von den 55 Mitgliedern des Senats der Max-Planck-Gesellschaft vertreten 12 Mitglieder staatliche Institutionen, und 15 Mitglieder repräsentieren Banken und die Großindustrie (Mannesmann, Siemens, Thyssen, BASF u. a.).

Die Schwierigkeit, den Einfluß der Klasseninteressen auf die naturwissenschaftliche Forschung und die Parteilichkeit der Klassen in der naturwissenschaftlichen Forschung zu erkennen, liegt in einer ganzen Reihe von Faktoren begründet. Ein zentrales Problem scheint mir dabei das des Bewertens zu sein. In der Sphäre der materiellen Produktion ist es relativ unkompliziert nachzuweisen, daß ökonomische Interessen – im Kapitalismus die Profitinteressen der herrschenden Klasse – darüber entscheiden, welcher Naturgegenstand als wert befunden wird, angeeignet, das heißt durch Bearbeitung in einen Träger von Wert und Gebrauchswert verwandelt zu werden. Der Kapitalist bewertet die Naturgegenstände als potentielle Träger von Tauschwert und läßt sich bei seiner Entscheidung für diesen oder jenen Gegenstand von der Aussicht auf möglichst hohe Profitraten leiten.

Folgt naturwissenschaftliche Aneignung den gleichen Prinzipien? Ja und nein. Wenn – um nur zwei Beispiele herauszugreifen – die NASA 350 Millionen Dollar für den Bau der beiden Voyager-Raumsonden zur Erkundung der äußeren Planeten Jupiter, Saturn usw. ausgegeben hat und allein im Finanzjahr 1981 annähernd 120 Millionen Dollar für die Entwicklung des Space Telescope einplant, dann sicher in beiden Fällen nicht mit der Aussicht auf einen greifbaren ökonomischen Nutzeffekt. Andererseits geht aus einer ökonomischen Analyse der „Chase Econometries" hervor, daß jeder in Weltraumprojekte investierte Dollar der USA-Wirtschaft innerhalb von 10 Jahren 14 Dollar zurückgibt. „Abfallprodukte" von NASA-Entwicklungen, die der USA-Wirtschaft einen Nutzen von 7 Milliarden Dollar einbrachten, waren beispielsweise neuartige Gasturbinen, integrierte Schaltungen, Tiefkühlanlagen, EDV-gesteuerte Entwurfs- und Zeichenapparate, hitzebeständige Farben usw.[8] Das heißt, Grundlagenforschungen, wie sie mit den beiden oben genannten Projekten betrieben werden, stehen in Wechselwirkung mit praxisnahen Forschungszweigen und wirken (wenn auch oft nur langfristig und über viele Zwischenglieder vermittelt) befruchtend auf die Produktionspraxis zurück.

Diese Rückwirkung ist jedoch in vielen Fällen nicht voraussehbar und um so weniger berechenbar. Als die Physiker Anfang des Jahrhunderts in die Geheimnisse des Atoms einzudringen begannen, ahnten sie nicht, daß ihre Erkenntnisse reale Schritte auf dem Weg zum Bau von Kernkraftwerken waren, das heißt, sie waren sich der ökonomischen Potenz und Tragweite ihrer Forschungen noch nicht bewußt. Selbst Einstein hat noch im Jahre 1938, kurz vor der Entdeckung der Kernspaltung durch Hahn und Straßmann, an der Möglichkeit der militärischen, geschweige denn friedlichen Nutzung der Atomenergie „vor Ablauf der nächsten hundert bis zweihundert Jahre" gezweifelt. Trotzdem haben auch die Physiker Anfang des Jahrhunderts in ihrem eigenen Forschungsprozeß selbstverständlich Bewertungen vorgenommen; sie haben Daten und Experimente bewertet, zwischen Hypothesen und Theorieentwürfen ausgewählt usw. Frage: Wertungen in bezug auf welche Kriterien? In der Grundlagenforschung geht es offenbar um sehr komplexe Bewertungskriterien.[9] Bewertet wird zum Beispiel unter dem Gesichtspunkt

- des Theorienfortschritts im allgemeinen;
- der Fähigkeit der Theorie, einen gewissen, möglichst großen Kreis von Naturerscheinungen zu erklären;
- der Erkenntnis neuer gesetzmäßiger Zusammenhänge;
- des Strebens nach komplexen Lösungen und „eleganten" Lösungswegen usw.

In die Bewertung wissenschaftlicher Erkenntnisse gehen immer auch Gesichts-

[8] Nach Angaben von „Astronomie und Raumfahrt", Berlin, 4/1976, S. 124.

[9] Vgl. dazu W. Schirmer, Merkmale für die Bewertung wissenschaftlicher Leistungen, in: Zur Wirksamkeit der naturwissenschaftlich-technischen Grundlagenforschung für die Entwicklung der Wissenschaftsdisziplinen und den wissenschaftlich-technischen Fortschritt. Gemeinsame Konferenz der AdW der DDR und des MHF der DDR am 1. und 2. Juni 1978 in Berlin. Diskussionsbeiträge. Herausgeber: Akademie der Wissenschaften der DDR. Wissenschaftliches Informationszentrum, Berlin 1978.

punkte des ökonomischen Nutzens und der effektiven Anwendung, also letzten Endes ökonomische Gesichtspunkte ein, denn nur durch Anwendung kann ja Wissenschaft zur Produktivkraft werden.

Bewertung in der Grundlagenforschung reduziert sich jedoch nicht auf ökonomische Bewertung, und eben dieser Umstand verschleiert den determinierenden Einfluß ökonomischer Klasseninteressen auf die naturwissenschaftliche Forschung. Allgemeiner gesagt, dieser Einfluß wird verschleiert durch die relative Eigenständigkeit der Wissenschaft gegenüber der Produktionspraxis und der Grundlagenforschung gegenüber der angewandten Forschung, durch die Arbeitsteilung zwischen den einzelnen Wissenschaftsdisziplinen, durch den oft beträchtlichen Abstand zwischen dem Zeitpunkt der Investitionen für wissenschaftliche Forschung und dem Zeitpunkt der Amortisation usw.

Eine zweite Schwierigkeit, den Einfluß der Klasseninteressen auf die naturwissenschaftliche Forschung zu erkennen, hängt damit zusammen, daß in der antagonistischen Klassengesellschaft das Interesse der herrschenden Klasse an der Erkenntnis der Natur als allgemeingültiges bzw. allgemeinmenschliches Interesse erscheint und bewußt oder unbewußt von der Mehrheit der Naturwissenschaftler auch als solches akzeptiert wird. Die Interessen der herrschenden Klasse stellen, vermittelt über die ideologische und psychologische Wirkung des Staates, den wichtigsten Faktor im System der subjektiven Voraussetzungen wissenschaftlichen Schöpfertums im Kapitalismus dar, sie gehen unvermeidlich in die individuellen Interessen der einzelnen Naturwissenschaftler ein, bahnen sich den Weg durch individuelle Forschungsinteressen und treten schließlich als deren Tendenz auf.[10]

Es ist nun folgende Frage zu stellen: Wenn naturwissenschaftliches ebenso wie gesellschaftswissenschaftliches Erkennen stets zweckgerichtet und interessengeleitet und in diesem Sinne letztlich parteilich ist, findet dann diese Parteilichkeit auch einen Niederschlag in den naturwissenschaftlichen Theorien? Zugespitzt formuliert: Ist es möglich, von der wahren, adäquaten naturwissenschaftlichen Theorie auf die Klassenideologie des Urhebers der Theorie zurückzuschließen? Denn zumindest einige gesellschaftswissenschaftliche Theorien lassen solche Rückschlüsse zu. So konnte beispielsweise die Marxsche Mehrwerttheorie nicht von den Theoretikern und Ideologen der Bourgeoisie entwickelt werden. Die bürgerliche Ökonomie war nicht nur wenig daran interessiert zu enthüllen, daß der Kapitalist keineswegs den „Wert der Arbeit", sondern nur den Wert der Arbeitskraft bezahlt (das heißt zu enthüllen, woher der Mehrwert stammt). Vielmehr konnte sie das – wie Marx hervorhebt – *objektiv* nicht, „solange sie in ihrer bürgerlichen Haut steckt",[11] sich als theoretischer Ausdruck des Klasseninteresses der Bourgeoisie vorwiegend nur mit dem „unmittelbarsten Nutzeffekt" des auf Produktion und Austausch gerichteten Handelns, nicht aber mit der Arbeit als geschichtsbildender Kraft, mit ihren

[10] Vgl. dazu P. W. Alexejew/ A. J. Iljin, Das Prinzip der Parteilichkeit, Berlin 1975, S. 32.

[11] K. Marx, Das Kapital, Erster Band, in: Karl Marx/Friedrich Engels, Werke (im folgenden MEW), Bd. 23, Berlin 1962, S. 564.

gesellschaftlichen Fernwirkungen beschäftigt.[12] Der Schein, der Lohnarbeiter werde nach der aufgewandten Arbeit bezahlt, besteht, weil das Verhältnis des Kapitalisten zum Lohnarbeiter tatsächlich als Verhältnis einander gleicher Warenbesitzer, der Arbeitslohn als Preis der Arbeit erscheint. Der Arbeitslohn verschleiert objektiv das Ausbeutungsverhältnis. Diesen Schleier zu zerstören, hätte bedeutet, das Ausbeutungsverhältnis, die Produktion des Mehrwerts, die geschichtliche Tendenz der kapitalistischen Akkumulation und damit schließlich das ökonomische Bewegungsgesetz des Kapitalismus zu enthüllen. Diese Aufgabe, die einen wesentlichen Bestandteil der materialistischen Fundierung der Gesellschaftstheorie überhaupt darstellt, erforderte offene Parteinahme für die Arbeiterklasse und konnte nur von den Theoretikern der Arbeiterklasse gelöst werden.

Findet nun also, in ähnlicher Weise, die Parteilichkeit der Klassen einen Niederschlag in den naturwissenschaftlichen Theorien? Offensichtlich nicht. Es gibt keine proletarische Physik einerseits und bürgerliche Physik andererseits. Warum aber nicht? Eine Teilantwort ergibt sich, wie oben dargestellt, aus der Spezifik des *Gegenstandes* naturwissenschaftlicher Erkenntnis. Er trägt – im Unterschied zu jenem der Gesellschaftswissenschaften – keinen Klassencharakter. Adäquate Gesellschaftserkenntnis widerspiegelt gerade den *Klassen*charakter der gesellschaftlichen Verhältnisse, Beziehungen, Interessen; adäquate Naturerkenntnis widerspiegelt die *unabhängig* vom Menschen, den Klassen und der Gesellschaft insgesamt existierende Natur.

Diese Antwort reicht aber nicht aus. Da naturwissenschaftliches (wie gesellschaftswissenschaftliches) Erkennen zweckgerichtet und interessengeleitet ist, muß erklärt werden, wo diese, den Erkenntnisprozeß motivierenden und durchdringenden Zwecke und Interessen schließlich bleiben, warum sie sich nicht in den Erkenntnisresultaten, den naturwissenschaftlichen Theorien, niederschlagen. Offenbar gibt es im naturwissenschaftlichen (wie auch im gesellschaftswissenschaftlichen) Erkennen – im Prozeß des Aufsteigens vom sinnlich Konkreten über das Abstrakte zum geistig Konkreten – einen Prozeß der „Entsubjektivierung" und des schrittweisen Zurückdrängens solcher Zwecke und Interessen zugunsten adäquater Gegenstandserkenntnis. Dazu seien nun einige Vermutungen geäußert.

Beginnen wir mit der meines Erachtens notwendigen Unterscheidung zwischen Ding und Objekt. Dinge sind relativ stabile Systeme von Qualitäten, also von wesentlichen Eigenschaften, die in der Wechselwirkung mit anderen Dingen erscheinen. Keine Fachwissenschaft untersucht irgendein Ding in der ganzen Vielfalt, Totalität seiner Eigenschaften und Beziehungen, jede Fachwissenschaft macht jeweils bestimmte Qualitäten (zum Beispiel mechanische, atomare, molekulare usw.) der Dinge zu ihrem Untersuchungsobjekt. Dabei bedient sich die betreffende Wissenschaftsdisziplin spezifischer Instrumente und Apparaturen (Waagen, Thermometer, Teleskope, Reagenzien usw.). Die Instrumente sind mit dem Ziel konstruiert, in der Wechselwirkung mit den Dingen bestimmte Dingeigenschaften zur

[12] F. Engels, Dialektik der Natur, in: MEW, Bd. 20, Berlin 1972, S. 455.

Erscheinung zu bringen bzw. in wahrnehmbare und registrierbare Eigenschaften zu überführen. Wir benutzen beispielsweise Prismen, um das Sonnenlicht als Spektrum verschiedener Wellenlängen sichtbar zu machen, Flüssigkeiten, um die Ausbreitungseigenschaften des Lichts zu untersuchen, und Photozellen, um uns den Teilchencharakter des Lichts zu vergegenwärtigen.

Die Fachwissenschaften machen Dinge zu ihren Objekten. Die Instrumente, die sie verwenden, sind darauf geeicht, jeweils nur auf gewisse Dingeigenschaften anzusprechen, gewisse Dingeigenschaften aus der Gesamtheit herauszufiltern, die anderen aber zu vernachlässigen, und *nur* diese herausgehobenen, herausgefilterten und festgehaltenen Eigenschaften sind das *Objekt* der jeweiligen Fachwissenschaft. Ding und Objekt sind also nicht identisch. Ein und dasselbe Ding kann zum Objekt mehrerer, ganz verschiedener Fachwissenschaften werden.

Bezeichnen wir nun, mit Hegel, das materielle Ding in der Vielfalt seiner miteinander verknüpften Eigenschaften und Beziehungen als natürliches Konkretes und das Herausheben, Herausfiltern und Festhalten der einen und Vernachlässigen der anderen Dingeigenschaften als ein Abstrahieren, dann können wir folgendes feststellen: Der Schritt *zu den Dingen hin*, das In-Wechselwirkung-Treten mit den Dingen, ist vorerst und zugleich auch ein Schritt *vom Konkreten, Ganzheitlichen weg*, zum Abgesonderten, aus dem Zusammenhang Gelösten und deshalb Abstrakten. Das ist deshalb so, weil die Instrumente (als verlängerte Sinnesorgane), etwa in der Form von Zeigerausschlägen, nur isolierte Daten oder Datenmengen, aber keine Verknüpfungen zwischen Daten liefern. Die Verknüpfung muß gedanklich-hypothetisch vollzogen werden.

Nehmen wir zum Beispiel das Licht als reales, konkretes Ding. In der Wechselwirkung mit einigen Apparaturen reagiert es so, als ob es Wellencharakter, in der Wechselwirkung mit anderen Apparaturen so, als ob es korpuskularen Charakter hätte. Historisch hat die Verallgemeinerung der mit den Instrumenten gewonnenen Daten deshalb zur Ausarbeitung einer Wellen- und einer Korpuskular-Theorie des Lichts geführt, die beide, für sich genommen, einseitig waren. Die heutige, moderne Quantentheorie lehrt uns, daß Welle und Teilchen zwei Erscheinungsformen ein und derselben physikalischen Realität sind, die nur in der Abstraktion voneinander getrennt werden können.

Es sind nun drei Aspekte von „objektiv" hervorzuheben. Bezeichnen wir das als „objektiv", was zum Ding gehört, vom erkennenden Subjekt unabhängig ist, dann können wir sagen: Die Instrumente vermitteln in der Wechselwirkung mit den Dingen Angaben über objektive Dingeigenschaften. Wir können noch einen Schritt weitergehen und sagen, daß die Instrumente *objektivierenden* Charakter in bezug auf die erscheinenden Dingeigenschaften haben. Sie wandeln nämlich die subjektiv, vom einzelnen Subjekt wahrnehmbaren Dingeigenschaften (zum Beispiel Farbempfindungen) in *inter*subjektiv prüfbare Daten (zum Beispiel über bestimmte Längen elektromagnetischer Wellen) um. „Objektiv" hat hier die Bedeutung von „intersubjektiv": Jeder beliebige Beobachter kommt durch Anwendung derselben Instrumente nach denselben Gebrauchsanweisungen zur selben Feststellung. Man kann zum Beispiel die Lichtstärke einer bestimmten Lichtquelle subjektiv abschätzen (durch Vergleich mit einem festgelegten Standard). Man kann die Lichtstärke aber auch „objektiv" bestimmen mit Hilfe des Zeigerausschlags einer Photozelle, die den sogenannten lichtelektrischen Effekt ausnutzt: Je stärker das Licht, um so kräftiger ist der in der Zelle fließende elektrische Strom.

Von besonderer Bedeutung für den Zusammenhang von Wissenschaftlichkeit und Objektivität ist jener dritte Aspekt des Begriffs „objektiv", den Lenin als „Objektivität der Betrachtung" bezeichnet. Lenin räumt dieser „Objektivität" den ersten Platz unter den „Elementen der Dialektik" ein, und er charakterisiert sie mit den Worten: „Das Ding *selbst* soll in seinen Beziehungen und in seiner Entwicklung betrachtet werden", nämlich: das Ding in der ganzen Totalität der mannigfaltigen Beziehungen zu anderen, die Entwicklung des Dings, seine innerlich widersprechenden Tendenzen, das Ding als Einheit von Gegensätzen usw.[13]

Etwas „objektiv" sehen und darstellen bedeutet hier also, dieses Etwas in seinem realen Wechselwirkungszusammenhang, als Teil eines Ganzen, als Verursachtes, Wirkendes, Gewordenes und Werdendes zu sehen und darzustellen. Dieser Wortgebrauch von „objektiv" ist übrigens auch in einigen Fachsprachen üblich, beispielsweise in der Jurisprudenz. Wenn vor Gericht die Forderung nach Objektivität gestellt wird, dann wird im Grunde genommen verlangt, sich ein *umfassendes* Bild vom Täter, vom Tatverlauf, von seinen Ursachen, Begleitumständen und Folgen zu machen, also die faktische Tat in den objektiven Gesamtzusammenhang einzubetten. Wer nur die Tat selbst, als *isoliertes* Faktum betrachtet, wird dem Täter nicht gerecht, beurteilt ihn nicht objektiv, sondern objektivistisch.

Im realen Erkenntnisprozeß wird die Forderung nach Objektivität schrittweise verwirklicht. Lenin spricht geradezu davon, daß die Erkenntnis eines bestimmten Dings stets mit Subjektivem beginne, aber objektiv im Prozeß und Ergebnis sei. Auf die Spezifik naturwissenschaftlicher Erkenntnis bezogen, läßt sich das wie folgt interpretieren: In der Wechselwirkung mit den Dingen liefern die Instrumente Angaben über objektive Dingeigenschaften und in diesem Sinne Objektives. Zugleich aber sind diese Angaben, die sogenannten harten Fakten, das Resultat einer ganz bestimmten, auswählenden Versuchsanordnung. Die Instrumente können nur Antwort auf Fragen geben, die der Experimentator gestellt hat, und in diesem Sinne sind die objektiven Fakten mit Subjektivität behaftet, sie widerspiegeln nicht das ganzheitliche Ding, sondern nur einzelne, „abgefragte", also herausgefilterte, mehr oder weniger voneinander isolierte Dingeigenschaften.

Die schrittweise Überwindung der Subjektivität beginnt damit, die experimentell gewonnenen Einzelfakten zunächst *hypothetisch* miteinander zu verknüpfen, die hypothetische Verknüpfung durch neue Experimente (das heißt durch neue, gezielte Fragen an das Ding) auf ihre Tragfähigkeit zu prüfen und sie derart sukzessive in immer bessere Übereinstimmung mit der tatsächlichen strukturellen

[13] W. I. Lenin, Konspekt zu Hegels „Wissenschaft der Logik". Die Lehre vom Begriff, in: Werke, Bd. 38, Berlin 1973, S. 212 f.

Beschaffenheit des Dings zu bringen. An die Stelle der subjektiv-hypothetischen Verknüpfung einzelner Dingeigenschaften tritt so, schrittweise, die ideelle, theoretische Reproduktion der *objektiven Wechselbeziehungen* zwischen den Dingeigenschaften, die einzelne Eigenschaft wird *als Teil eines Ganzen*, als *determiniert durch das Ganze*, als *verursachtes und wirkendes Moment eines Gesamtzusammenhangs* sichtbar und damit der Subjektivität des bloß Hypothetischen enthoben, sie wird „objektiviert". In diesem Sinne kann man sicher sagen, daß einer wissenschaftlichen Theorie, die solche adäquate Einbettung von Einzelfakten in Zusammenhänge leistet, ein höherer Grad an Objektivität zukommt, als Aussagen oder Teiltheorien über diesen oder jenen Einzelfakt.

Wellentheorie und Teilchentheorie des Lichts können objektive Wahrheit für sich verbuchen, denn sie widerspiegeln objektive, wenn auch getrennt in Erscheinung tretende Eigenschaften des Lichts. Die moderne Quantentheorie leistet mehr, sie weist die Wellen- und Teilcheneigenschaften als sich widersprechende, aber unabdingbar miteinander verbundene Eigenschaften aus; sie kommt der objektiven Wahrheit näher, ihr kommt deshalb ein höherer Grad an Objektivität zu.

An dieser Stelle ist es angebracht, auf die oben erwähnten, scheinbar kontroversen Auffassungen Hegels und Goethes zurückzukommen. Wenn Hegel erklärt, mit der Forderung, „die Tatsachen ohne Parteilichkeit, ohne ein besonderes Interesse und Zweck geltend machen zu wollen, komme man nicht weit", so bezieht sich das, mit dem Blick auf die Naturwissenschaften, zuallererst auf das experimentelle Stadium, auf die Datengewinnung. Datengewinnung ist unmittelbar zweckgebunden und interessengeleitet. Es werden im Experiment nur solche Daten „abgefragt", herausgefiltert und herausgehoben, die dem besonderen Erkenntnis*zweck* des Experimentators, seiner wertenden Haltung zum Ding entsprechen.

Liegt nun aber eine bestimmte Datenmenge vor, dann ist es dem Forscher, sagt Goethe, nicht mehr freigestellt, die Daten „nach seiner Art zu verbinden und ein ganzes daraus zu bilden, das ... (seiner) Vorstellungsart mehr oder weniger angenehm sei".[14] Derjenige handelt falsch, fährt Goethe fort, der „gleichsam seine Herrschaft zu zeigen, selbst aus den vorliegenden Datis nur wenige Günstlinge herauswählt, die ihm schmeicheln; daß er die übrigen so zu ordnen versteht, wie sie ihm nicht geradezu widersprechen, und daß er die feindseligen zuletzt so ... beiseite zu bringen weiß, daß wirklich nunmehr das Ganze nicht mehr einer freiwirkenden Republik, sondern einem despotischen Hofe ähnlich wird".[15]

Im Prozeß der ideellen, theoretischen Reproduktion des Gegenstandes aus den vorhandenen Daten muß sich der Forscher immer wieder die Frage stellen: „Ist es der Gegenstand oder bist du es, der sich hier ausspricht?"[16] Das heißt, dieser Prozeß ist zugleich ein Prozeß der Korrektur, des schrittweisen Überwindens und

[14] J. W. von Goethe, Der Versuch als Vermittler von Objekt und Subjekt, in: Goethes Philosophie, hrsg. von M. Heynacher, a. a. O., S. 141.

[15] Ebenda, S. 137.

[16] Ebenda.

Zurückdrängens anfänglicher subjektiver Vorstellungen über den Gegenstand zugunsten adäquater, objektiv wahrer Gegenstands-Abbilder. Das meint auch Hegel, wenn er sagt, die Erkenntnis der Wahrheit werde letztlich „darein gesetzt, das Objekt, wie es als Objekt frei von Zutat subjektiver Reflexion (ist), zu erkennen".

Da nun die anfänglichen, mehr oder weniger einseitigen Vorstellungen des „Forschers" (das heißt des individuellen oder gesellschaftlichen Erkenntnissubjekts) über den Gegenstand Ausdruck subjektiv-zweckgerichteten Herangehens an den Gegenstand sind (erinnern wir uns: das Ding oder der Gegenstand wird auf der Grundlage konkreter praktischer oder theoretischer Interessen zum Untersuchungs*objekt* gemacht), können wir meines Erachtens die schrittweise Überwindung solcher subjektiven Vorstellungen zugleich als ein schrittweises Zurückdrängen der Parteilichkeit des Forschers gegenüber dem Gegenstand interpretieren. Die ursprünglichen, subjektiven Erkenntniszwecke, die unabdingbar waren, um die Erkenntnis*fähigkeiten* des Subjekts *auf den Gegenstand zu richten* (der Gegenstand mußte für wert befunden werden, angeeignet zu werden), verlieren mit zunehmend adäquater Gegenstands-Erkenntnis an Bedeutung. Dem „Resultat" des Erkenntnisprozesses, der adäquaten wissenschaftlichen Theorie, ist nicht mehr anzusehen, welche Erkenntnisinteressen zur Ausarbeitung der Theorie geführt haben, es sind keine zwingenden Rückschlüsse von der wahren naturwissenschaftlichen Theorie auf die Klassenideologie des „Urhebers" der Theorie möglich. Der Antagonismus der Klasseninteressen ist, wie das Todor Pawlow gelegentlich formuliert hat, in der Wahrheit aufgehoben („aufgehoben" hier im Sinne von „eliminiert").[17] Wir müssen allerdings hinzufügen, daß wissenschaftliche Theorien als objektive Wahrheiten zugleich immer auch Momente der Relativität (relativer Wahrheit) und Subjektivität enthalten, die ihrerseits nun doch Ausdruck spezifischer Erkenntnisinteressen und -fähigkeiten (bzw. spezifischer Erkenntnisschranken) der gesellschaftlichen Klassen sein könnten. Dies bedarf genauerer Untersuchungen.

Damit sind einige *mögliche* Ansatzpunkte einer Antwort auf die Frage gegeben, warum die den naturwissenschaftlichen Erkenntnisprozeß motivierenden und durchdringenden parteilichen Zwecke und Interessen keinen Niederschlag in den naturwissenschaftlichen Theorien selbst finden. Ob diese Ansatzpunkte richtig und ausbaufähig sind, kann letztlich erst auf der Grundlage konkreter erkenntnistheoretischer und vor allem wissenschaftsgeschichtlicher Analysen des naturwissenschaftlichen Erkenntnisprozesses entschieden werden.

[17] T. Pawlow, Die Widerspiegelungstheorie, Berlin 1973, S. 518 f.

Werner Bahner

Wissenschaftlichkeit und Parteilichkeit in der sprachlichen Kommunikation

Daß die Sprache ein gesellschaftliches Phänomen par excellence darstellt, ja daß ein gesellschaftliches Gefüge ohne Sprache nicht zu existieren vermag, hat sich seit langem als Grundeinsicht befestigt. Es gibt keinen Zweifel darüber, daß die Sprache in alle menschlichen Lebensbereiche hineinreicht, „alles Menschliche in einen Mantel von Sprache eingeschlagen"[1] bleibt. Über die kognitive und kommunikative Leistungsfähigkeit der Sprache indessen besteht keine Einmütigkeit. So hat die in der Philosophiegeschichte alte Skepsis gegen den verallgemeinernden Charakter des Wortes in der abstrakt-geistigen Sphäre in neopositivistischen Strömungen der Gegenwart beträchtlich zugenommen. Auch in der neueren Literatur ist seit langer Zeit ein stetes Mißbehagen gegenüber der gängigen Sprache festzustellen. Andererseits verwandeln moderne Kulturkritiker die vermittelnde Zeichenfunktion der Sprache fälschlich in eine Identifikation von Sprache und Denken.

Die Wirksamkeit der Sprache wird zwar mehr oder weniger anerkannt, doch wird recht unterschiedlich beurteilt, welchen Umfang und welche Stärke sie im allgemeinen oder in einzelnen gesellschaftlichen Bereichen hat. Wissenschaftsgeschichtlich ist es bezeichnend, daß in unserem Jahrhundert darüber zunächst wesentlich mehr in nichtlinguistischen Kreisen reflektiert worden ist als in der Sprachwissenschaft. Vor der gern als pragmatische Wende gekennzeichneten jüngeren Phase in der Entwicklung der Linguistik dokumentierten in den kapitalistischen Ländern besonderes Interesse an der Wirksamkeit der Sprache die Repräsentanten der Individualpsychologie, die Wortführer der sogenannten Sprachtheologie, das Managertum des Reklamewesens und der politischen Werbung und vor allem die Sozialpsychologie und die sogenannten politischen Wissenschaften.

Vornehmlich in den USA war durch die vorherrschenden Traditionen des Pragmatismus und Behaviorismus und die darauf aufbauende disziplinübergreifende Semiotik der Wirkungsaspekt in den Vordergrund gerückt worden. „Das Entscheidende für die Pragmatisten ist die durch das Zeichen ausgelöste ‚praktische Auswirkung' innerhalb eines intersubjektiven Kontexts. Es geht ihm in erster Linie um ‚meaning as signification', nicht um ‚meaning as significance'."[2] Charles W. Morris

[1] W. Krauss, Über den Standort einer Sprachbesinnung, in: Sinn und Form, 5/1949, S. 104.

[2] A. Neubert, Semantischer Positivismus in den USA. Ein kritischer Beitrag zum Studium der Zusammenhänge zwischen Sprache und Gesellschaft, Halle 1962, S. 61.

entwarf im Jahre 1938 in Anlehnung an Charles S. Peirce eine Zeichentheorie, nach der die sprachlichen Phänomene erst dann voll ins Blickfeld gelangen, wenn neben dem semantischen und dem syntaktischen Aspekt auch der pragmatische mit erfaßt wird, das heißt, wenn neben den Beziehungen zwischen Zeichen und Objekt und den Beziehungen zwischen den Zeichen auch die Beziehungen zwischen Zeichen und Zeichenverwender mit betrachtet werden.[3] In seinem erstmals 1946 in New York erschienenen Werk „Signs, Language and Behaviour" bemühte er sich um eine weitere Präzisierung seiner Auffassung von Pragmatik, indem er definierte: „*Pragmatics* is that portion of semiotic which deals with the origin, uses, and effects of signs within the behaviour in which they occur."[4] Außerdem erläuterte Morris darin eingehend seine behavioristische Zeichenkonzeption, indem er vor allem die Reaktionen auf den Reiz der Zeichen, die Verhaltensdispositionen, analysierte. So unterschied er designative, bewertende und vorschreibende Zeichen oder damit eng verknüpft vier grundlegende Gebrauchsweisen von Zeichen: die informative, die bewertende, die hervorrufende und die systematisierende. Davon ausgehend versuchte er, zwölf verschiedene Texttypen herauszustellen und zu charakterisieren, unter anderem Scientific Discourse, Moral Discourse, Political Discourse, Propagandistic Discourse usw. Aus seinen Darlegungen geht indessen hervor, daß er die psychobiologischen Aspekte der Kommunikation mechanisch verallgemeinert und nicht die jeweiligen sozialökonomischen Determinanten berücksichtigt. Das kommunikative Verhalten stellt Morris als das grundlegende Merkmal des Menschen hin und übersieht, daß die materielle Basis der menschlichen Existenz, die gesellschaftliche Aneignung der materiellen Güter, die Arbeit, mindestens ebenso wie die Sprache ein Hauptcharakteristikum des Menschen gegenüber dem Tier ist.[5]

Georg Klaus hat eingehend geprüft, welche der von Morris entwickelten Gesichtspunkte auch aus einer marxistischen Sicht relevant sind, allerdings einer Vertiefung bzw. Korrektur bedürfen. Daß die Sprache einen bemerkenswerten Einfluß auf das Verhalten der Menschen haben kann, ist zweifellos eine richtige Beobachtung. Es wird jedoch weit über das Ziel hinausgeschossen, wenn von der Annahme ausgegangen wird, daß das Verhalten der Menschen primär durch Zeichen bestimmt werde. Der enscheidende Fehler des von Morris entwickelten Pragmatismus besteht gerade darin, daß die gesellschaftliche Funktion und Bedeutung der Sprache verabsolutiert werden. „Die menschliche Gesellschaft beruht auf objektiven ökonomischen und politischen Beziehungen, und die einzelnen Gesellschaftsklassen unterscheiden sich primär durch ihre Stellung und Rolle im Produktionsprozeß. Die sprachlichen Beziehungen existieren nur auf dieser objektiven Grundlage."[6]

[3] Vgl. Ch. W. Morris, Foundations of the Theory of Signs, in: International Encyclopedia of Unified Science, vol. I, no. 2, Chicago 1938.

[4] Ch. W. Morris, Signs, Language and Behaviour, New York ²1955, S. 219.

[5] Vgl. A. Neubert, Semantischer Positivismus in den USA. Ein kritischer Beitrag zum Studium der Zusammenhänge zwischen Sprache und Gesellschaft, a. a. O., S. 79.

[6] G. Klaus, Die Macht des Wortes, Berlin ³1965, S. 26.

Die Vorstellung, daß die Sprache nicht nur dem Gedankenaustausch dient, sondern auch das soziale Verhalten der Menschen zu beeinflussen vermag, war schon in der Antike seit dem 5. Jahrhundert v. u. Z. weit verbreitet. Bereits damals, als in der Öffentlichkeit erbitterte Auseinandersetzungen zwischen den demokratischen und aristokratischen Kräften in den Stadtstaaten, vornehmlich in Athen, stattfanden, wurden Grundsätze und Strategien entwickelt, um mit Hilfe der Redekunst das Denken und Handeln der Mitmenschen in eine bestimmte Richtung zu lenken. Plato polemisierte bekanntlich in seinem Dialog „Gorgias" gegen jene Rhetorik, die ohne ethische Grundgesinnung und ohne Bezug zur Wahrheitsfindung zu allem zu überreden schien. Aristoteles hingegen hielt die Rhetorik für außerordentlich nützlich, wenn mit ihr sachkundig für das Wahre und Gerechte gestritten werden konnte.[7]

In neuerer Zeit hat nicht zuletzt durch die rapide Entwicklung der Massenkommunikationsmittel das Problem der Beeinflussung durch Sprache neue Dimensionen erhalten. Die Wirkungsmöglichkeiten mit den Mitteln der Sprache haben ebenso zugenommen wie die kommunikative Erreichbarkeit breitester Schichten. Zugleich wuchs damit die Gefahr des Mißbrauchs der Rede, auf die im klassischen Altertum bereits hingewiesen worden war und auf die die Aufklärungsbewegung, besonders in Frankreich, nachdrücklich den Blick zu lenken suchte. J.-J. Rousseau beispielsweise warf den herrschenden und besitzenden Schichten vor, die Sprache zur Verschleierung des sozialen Unrechts zu mißbrauchen.[8] Er rügte unter anderem den Gebrauch von „bien public", „patrie" und „citoyen", da diese Ausdrücke angesichts der bestehenden gesellschaftlichen Verhältnisse nur leere Worte darstellten.[9] Bereits um die Wende vom 17. zum 18. Jahrhundert hatte Samuel Pufendorf nachdrücklich darauf hingewiesen, daß die vorsätzlich irreführende Verwendung der Sprache gegen ein grundlegendes Naturrecht des Menschen verstoße.[10]

[7] Vgl. K. Dockhorn, Macht und Wirkung der Rhetorik, Bad Homburg 1968; V. Florescu, La retorica nel suo sviluppo storico, Bologna 1971; H. Rehbock, Rhetorik, in: Lexikon der Germanistischen Linguistik, hrsg. von P. Althaus, H. Henne, H. E. Wiegand, Tübingen ²1980, S. 293–303.

[8] Vgl. J.-J. Rousseau, Émile, livre IV: „Toujours ces noms spécieux de justice et de subordination serviront d'instruments à la violence et d'armes à l'iniquité." (œuvres complètes de Jean-Jacques Rousseau [Bibliothèque de la Pléiade], vol. IV, Paris 1969, S. 524). Vgl. auch R. Bach, Die Rolle der Sprache in Jean-Jacques Rousseaus Erklärung der sozialen Ungleichheit, in: Zeitschrift für Phonetik, Sprachwissenschaft und Kommunikationsforschung *29* (1976), S. 488–490.

[9] Vgl. J.-J. Rousseau, Fragments politiques: „... dans un siècle où personne ne se soucie plus du bien public et où ce mot ridiculement profané ne sert plus que d'excuse aux Tyrans et de prétexte aux fripons." (Œuvres complètes, vol. III, S. 518).

[10] S. Pufendorf, Le droit de la nature et des gens, Amsterdam 1712, livre quatrième, premier chapitre. Vgl. auch U. Ricken, der in seinem Aufsatz „Zum Verhältnis von Sprachauffassung, Anthropologie, Gesellschaftsbild in der französischen Aufklärung" [Wissenschaftliche Zeitschrift der Martin-Luther-Universität Halle, Gesellschaftswissenschaften, 3/1979, S. 18 ff.] auch eingehend die Thematik des Mißbrauchs der Worte behandelt.

Die Manipulation der Menschen unter den gesellschaftlichen Bedingungen des Imperialismus hat weiter an Boden gewonnen und neue Dimensionen erreicht, wobei ihre Wirkungsmechanismen durch die Komplexität der damit verflochtenen Phänomene vielfach nicht leicht durchschaubar sind. Sie gehört zur Herrschaftstechnik der Monopolbourgeoisie und stellt den komplexen Versuch dar, das gesellschaftliche Bewußtsein der werktätigen Massen so weit wie möglich an die imperialistische Ideologie anzupassen, es in einen Gegensatz zu den objektiven gesellschaftlichen Interessen der breiten Schichten des Volkes zu bringen.[11] Der Schulunterricht und die Massenmedien spielen hierbei eine maßgebliche Rolle. Das Hauptziel der breit gefächerten staatsmonopolistischen Bewußtseinsindustrie besteht darin, in vielfältigen, abgestuften Formen und durch sich innerhalb einer bestimmten Toleranzgrenze bekundende unterschiedliche Standpunkte systemkonforme und systemdienliche ideologische Positionen zu übermitteln und so entsprechende Denkregelungen zu erreichen. Der Sprache als Vermittlungsfaktor kommt hierbei zweifellos eine wichtige Funktion zu. Was sich im gesellschaftlichen Leben ereignet, wird, wie I. O. Hertzler hervorhebt, durch die Sprache vermittelt, durch die Sprache hervorgerufen und vorangetrieben, durch die Sprache festgelegt und programmiert, durch die Sprache gelenkt und kontrolliert.[12] Es wäre allerdings verfehlt, die Manipulation allein mit einem potenzierten Mißbrauch der Sprache gleichzusetzen. Der wirksame Gebrauch sprachlicher Zeichen hängt von mehreren Faktoren ab und eröffnet auch Möglichkeiten des Mißbrauchs. Dabei geht es nicht nur um einzelne sprachliche Zeichen, sondern letztlich um die Bedingungen und Voraussetzungen der Produktion und Rezeption von Äußerungen und Texten, vornehmlich im Zusammenhang mit gesellschaftlichem Handeln. Dies wiederum zeigt, daß sprachlich vermittelte Manipulation auf übergreifende Zusammenhänge hinweist und von einem solchen umfassenderen Kontext einer eingehenden Analyse bedarf. Eine Beschränkung auf rein sprachliche Phänomene genügt in diesem Fall überhaupt nicht. „Es muß geklärt werden, welche Absichten des Kommunikators hinter dem Gebrauch bestimmter sprachlicher Zeichen stecken, wie durch deren Einsatz die wahren Intentionen verschleiert und die Empfänger zu bestimmten, ihren eigenen Interessen objektiv zuwiderlaufenden Einstellungen und Handlungen bewegt werden sollen."[13] Es handelt sich hier letztlich um Phänomene, die mit der Entstehung und Übermittelung von Bewußtseinsinhalten zusammenhängen und ein interdisziplinäres Zusammenwirken erfordern.

Die Tendenz, die Wirkung der Sprache zu überschätzen, läßt sich in neuerer Zeit häufig beobachten. Formeln wie „die Macht des Wortes" oder „die Tyrannei der Wörter" deuten darauf beredt hin. Auch die folgenden Formulierungen Hertzlers scheinen im Banne solcher Vorstellungen zu stehen: „In unserer modernen, untereinander kommunizierenden und gegenseitig abhängigen Welt tobt ein Krieg

[11] Vgl. W. Hartung u. a., Sprachliche Kommunikation und Gesellschaft, Berlin ^{2}1976, S. 482 ff.
[12] I. O. Hertzler, A Sociology of Language, New York 1965, S. 281.
[13] W. Hartung u. a., Sprachliche Kommunikation und Gesellschaft, a. a. O., S. 500.

der Wörter, da verschiedene Arten von Interessen und Autoritätsgruppen die Sprache verwenden, um Menschen zu überreden, zu lenken, irrezuführen, zu verwirren, auszubeuten, zu versklaven oder zu reglementieren."[14] Diese Feststellungen bedürfen unbedingt der Konkretisierung. Sie erhalten nämlich dann erst einen Sinn, wenn sie auf bestimmte sozialökonomische Verhältnisse bezogen werden und hierbei die vermittelnde Funktion der Sprache in ihrer Vielschichtigkeit gebührende Beachtung findet.

In den USA und in neuerer Zeit auch in westeuropäischen kapitalistischen Ländern sind unterschiedliche sprachanalytische Richtungen bestrebt, die Wirkungen der Sprache zu erkennen, um sie zu durchkreuzen oder noch zu verstärken. So wird unter anderem zur effektiveren Propagandatätigkeit in der öffentlichen Meinung durch Soziologen und Linguisten getestet, welche Wörter eine besonders negative oder positive Wirkung bei dem Hörer hervorrufen. Eng damit verknüpft ist oftmals eine systematische Diskreditierung des Sozialismus und das Bemühen, ein entsprechendes Feindbild durch spezifische Stereotype aufzubauen. Auf der anderen Seite versuchen kritisch eingestellte bürgerliche Intellektuelle, Manipulierungstendenzen zu entlarven, diese anhand von konkreten Beispielen zu denunzieren. Sie fühlen sich vielfach als Fortsetzer jener Intellektuellen des Zeitalters der Aufklärung, die die Mißbräuche des Feudalabsolutismus öffentlich anprangerten und die ideologischen Täuschungsmanöver des Ancien Régime bloßstellten. Doch hier bestehen grundsätzliche Unterschiede, auf die Georg Klaus mit Recht hinweist: „Erstens unterscheidet sich ihr Aufklärungsfeldzug prinzipiell von der Aufklärung des 18. Jahrhunderts; damals war die bürgerliche Gesellschaft, die bürgerliche Klasse in ihrer Gesamtheit an der Durchsetzung der Gedanken der Aufklärer interessiert. Die Aufklärung war also ideologischer Reflex objektiver gesellschaftlicher Entwicklungstendenzen. Heute ist die bürgerliche Klasse in ihrer Gesamtheit gerade am Gegenteil interessiert. Sie duldet die Bemühungen der Semiotiker, solange sie ihre Herrschaft nicht antasten, sondern nur von Reformen sprechen und an der Illusion festhalten, daß die linguistische Aufklärung die Übel der Gesellschaft heilen könne."[15] Außerdem ist es bezeichnend, wird weiter gefolgert, daß nicht die Frage gestellt wird, wer die Macht über die Kommunikationsmittel hat und welche Interessen und Interessengruppen die steuernden Faktoren dieser Kommunikationsmittel sind.

Bei zahlreichen bürgerlichen Kritikern des öffentlichen Sprachgebrauchs dominiert meistens das Bestreben, alles auf Ideologie im Sinne von falschem Bewußtsein zu reduzieren und von dieser Position aus insbesondere die Grundbegriffe und Wertvorstellungen des realen Sozialismus zu attackieren. Der von Jürgen Habermas propagierte herrschaftsfreie Diskurs,[16] der letztlich die Position des kritischen

[14] I. O. Hertzler, A Sociology of Language, a. a. O., S. 282.

[15] G. Klaus, Die Macht des Wortes, a. a. O., S. 39.

[16] J. Habermas, Vorbereitende Bemerkungen zu einer Theorie der kommunikativen Kompetenz, in: J. Habermas/N. Luhmann, Theorie der Gesellschaft oder Sozialtechnologie – Was leistet die Systemforschung?, Frankfurt am Main 1971, S. 101–141.

Intellektuellen zwischen den Klassenfronten von Sozialismus und Imperialismus zum Ausdruck bringen soll, erweist sich aber nicht nur als irreal, sondern auch als bürgerliche Ideologie. In eine andere Richtung zielt Siegfried J. Schmidt in seinem Plädoyer für eine Rationalisierung der Politik, indem er den Wirklichkeitsbezug der Sprache in konventionalistisch-idealistischer Sicht ummünzt. Er meint, die Rationalisierung der Politik dadurch fördern zu können, daß gegenüber jedem postulierten Wahrheitsanspruch politischer Begrifflichkeit zunächst Widerspruch und Mißtrauen geweckt werden. Dies hofft er vor allem durch die Herausarbeitung der Kontext- und Situationsbedingtheit jeder sprachlich vermittelten Bedeutung und den Hinweis auf die maßgebliche Relation von Bezugssystem und Geltungsrelevanz politischer Begriffe zu erreichen. Sein dabei zum Vorschein kommender Skeptizismus führt ihn zum Konzept des Pluralismus, und ausdrücklich bekennt er sich hierbei zu dem sich auf K. R. Popper berufenden Standpunkt des kritischen Rationalismus in der BRD, wonach politische Problemlösungen stets als Hypothesen zu betrachten und zu behandeln seien.[17]

Der Marxismus-Leninismus hat in der Sprache stets ein gesellschaftliches Phänomen gesehen und alle Funktionen der Sprache als eine Erscheinungsform der gesellschaftlichen Tätigkeit des Menschen charakterisiert.[18] Er faßt die Sprache als eine Form der menschlichen Tätigkeit, die mit der gesamten geistigen und gegenständlich-praktischen Tätigkeit des Menschen verknüpft ist und sich in enger Korrelation zu ihr entwickelt. Als Vermittlungsfaktor erweist sich die Sprache in allen Bereichen des gesellschaftlichen Lebens als unentbehrlich. Ihre Bedeutsamkeit springt besonders dort in die Augen, wo sie mit Prozessen der Bewußtseins- und Verhaltensentwicklung, mit Bildungs- und Erziehungsprozessen verbunden ist. Ebenso trifft dies auf zahlreiche Formen der Gestaltung sozialer Beziehungen zu. Schließlich erfolgt ja die Fixierung und Übermittlung von Bewußtseinsinhalten über sprachliche Zeichen, mit deren Hilfe die Einflußnahme auf das Denken und Handeln der Kommunikationspartner, also eine Verhaltenssteuerung im Zuge des gesellschaftlichen Reproduktionsprozesses, der erforderlichen Organisierung des gesellschaftlichen Lebens angestrebt werden kann. Als grundlegend ist hierbei vor allem die Einheit von kognitiver und kommunikativer Funktion der Sprache auf dem Hintergrund einer dialektisch-materialistischen Abbildtheorie zu betrachten.

Um den Blick für die Bedingungen als auch Möglichkeiten und Grenzen der gesellschaftlichen Wirksamkeit der Sprache zu schärfen, ist es notwendig, das elementare Kommunikationsmodell durch den Bezug auf die gesellschaftliche Totalität nach verschiedenen Seiten hin zu ergänzen. Kommunikationsbeziehungen wie auch die darauf basierenden Kommunikationsereignisse sind durch die jeweiligen

[17] S. J. Schmidt, Sprache und Politik. Zum Postulat rationalen politischen Handelns, in: Sprache und Gesellschaft, hrsg. von A. Rucktäschel, München 1972, S. 97.

[18] Vgl. B. A. Serebrennikow u. a., Allgemeine Sprachwissenschaft, Bd. I: Existenzformen, Funktionen und Geschichte der Sprache, Berlin 1973; W. Hartung u. a., Sprachliche Kommunikation und Gesellschaft, Berlin ²1976; W. Neumann u. a., Theoretische Probleme der Sprachwissenschaft, Berlin 1976.

gesellschaftlichen Verhältnisse determiniert. Sender und Empfänger erweisen sich als Glieder des Ensembles der gesellschaftlichen Verhältnisse, der Sozialstruktur. Ihre Fähigkeiten, Eigenschaften, Kenntnisse und Grundeinstellungen sind gesellschaftlich bedingt und zugleich individuell ausgeprägt. Neben den konkreten Umständen des Kommunikationsvorganges, dem sozialen Verhältnis zwischen den Kommunikationspartnern und den hierbei relevanten gesellschaftlichen Normen ist dies vor allem von maßgeblicher Bedeutung für die Intentionen des Senders bei der Darlegung eines Sachverhalts und für den Widerhall darauf beim Empfänger.

Die Wirkung der Sprache auf den Hörer ist, wie Wolfdietrich Hartung mit Recht betont, keinesfalls in vereinfachter Weise so zu sehen, daß die Wörter im Bewußtsein gespeicherte Begriffe oder Bedeutungseinheiten ansprechen. Vielmehr wird das Bewußtsein in einer sehr komplexen Weise angesprochen. Hartung folgert weiter: „Die Wörter lösen eine ganze Reihe von Programmen aus, die den Verstehensprozeß überlagern, die ihn modifizieren, verlangsamen, beschleunigen oder in eine bestimmte Richtung lenken. Diese Programme haben die Gestalt von Einstellungen, Bewertungssystemen, Urteilssystemen, aber auch von Vorurteilssystemen. Sie sind geprägt durch eigene Erfahrung, durch die Erziehung, durch die Zugehörigkeit zu einer gesellschaftlichen Gruppe (Klasse) und die Teilhabe an der Gruppenideologie. Die Programme werden deshalb ausgelöst, weil ... der Hörer über ein inneres Modell der Außenwelt verfügt, in das er Neues einordnet und einordnen muß.“[19] Ferner muß, wie Hartung in diesem Zusammenhang hervorhebt, berücksichtigt werden, ob sich der Hörer mit dem Sender hinsichtlich der Gruppenzugehörigkeit identifiziert oder nicht, denn das Verstehen wird auch dadurch mit beeinflußt, was der Hörer vom Sender hält.

Auch der Code, dessen sich Sender und Empfänger bedienen, ist das Produkt gesellschaftlicher Überlieferung und Entwicklung, mehrere Zeitalter und zahlreiche Generationen haben daran gearbeitet, ihn verändert und für neue kommunikative Bedürfnisse und gesellschaftliche Erscheinungen ausdrucksfähig gestaltet. Und seine heutigen Nutzer setzen dies fort. Hierbei ist mit regionalen, sozialen und vor allem funktional-stilistischen Varietäten ebenso zu rechnen wie mit der Tatsache, daß sich die aktive Kompetenz der Kommunikationspartner nicht mit ihrer passiven Kompetenz deckt. Offenkundig besteht „ein allseitiger Zusammenhang zwischen dem Sprachsystem als komplexem Zuordnungsprozeß von Lauten und Bedeutungen und der Geschichte und der gegenwärtigen Praxis der Menschen in der Gesellschaft“,[20] wenn dies auch, durch die vielfältigen Vermittlungsmomente bedingt, im einzelnen schwierig herauszuarbeiten ist.

Der Einfluß der herrschenden Klasse auf die in einer Epoche dominierenden

[19] W. Hartung, Die Wirkung der Sprache als Teil des pragmatischen Aspekts, in: Wissenschaftliche Zeitschrift der Pädagogischen Hochschule Potsdam, Gesellschafts- und Sprachwissenschaftliche Reihe, 2/1969, S. 490.

[20] Vgl. A. Neubert, Zur Determination des Sprachsystems, in: Wissenschaftliche Zeitschrift der Karl-Marx-Universität Leipzig, Gesellschafts- und Sprachwissenschaftliche Reihe, 2/1973, S. 201.

Ideen ist von Karl Marx und Friedrich Engels deutlich unterstrichen worden: „Die herrschenden Gedanken sind weiter Nichts als der ideelle Ausdruck der herrschenden materiellen Verhältnisse, die als Gedanken gefaßten herrschenden materiellen Verhältnisse ..."[21] Der auf die ideologischen Leitvorstellungen und gesellschaftlichen Ideale bezogene Wortschatz der betreffenden Gesellschaftsordnung verrät in semantischer Hinsicht denn auch deutlich Blickrichtung und Prägekraft der herrschenden Klassen. Ein zum Anarchismus neigender linksradikaler Ideologiekritiker der Gegenwart meinte: „Die Wörter, als das Geld des jeweils herrschenden Gedankens, werden nicht von denen definiert, die als ihre Konsumenten vorgesehen sind. An leicht erkennbarer Stelle tragen die Begriffe das Zeichen ihres Herrn. Mit den Wörtern ist zugleich die Wahrnehmung definiert; die Wörter, die Dinge und die Wahrnehmung werden von dem gleichen Machtzentrum in Umlauf gesetzt. Der Vorgang ist nicht neu, die Monopolisierung der Definitionen nicht erst ein Privileg des Kapitals; und seit je kündigt sich in der Emanzipation der Wahrnehmung auch der Ausbruch aus einer altgewordenen Form der Produktion an."[22] Das ist indessen nur ein Gesichtspunkt. Er bedarf der Ergänzung und Einordnung in übergreifende sozialökonomische Verhältnisse. Der Grad der gesellschaftlichen Bewußtheit und der Anspruch, für das gesellschaftliche Allgemeinwohl wirksam zu sein, bilden hierbei wesentliche Momente. Karl Marx und Friedrich Engels weisen nachdrücklich darauf hin, daß jede neue Klasse, die über die bis dahin herrschende gesiegt hat, genötigt ist, „schon um ihren Zweck durchzuführen, ihr Interesse als das gemeinschaftliche Interesse aller Mitglieder der Gesellschaft darzustellen, d. h. ideell ausgedrückt: ihren Gedanken die Form der Allgemeinheit zu geben, sie als die einzig vernünftigen, allgemein gültigen darzustellen. Die revolutionierende Klasse tritt von vornherein, schon weil sie einer *Klasse* gegenübersteht, nicht als Klasse, sondern als Vertreterin der ganzen Gesellschaft auf, sie erscheint als die ganze Masse der Gesellschaft gegenüber der einzigen, herrschenden Klasse. Sie kann dies, weil im Anfange ihr Interesse wirklich noch mehr mit dem gemeinschaftlichen Interesse aller übrigen nichtherrschenden Klassen zusammenhängt, sich unter dem Druck der bisherigen Verhältnisse noch nicht als besonderes Interesse einer besonderen Klasse entwickeln konnte. Ihr Sieg nutzt daher auch vielen Individuen der übrigen, nicht zur Herrschaft kommenden Klassen, aber nur insofern, als er diese Individuen jetzt in den Stand setzt, sich in die herrschende Klasse zu erheben."[23]

Die unterdrückten Klassen haben in unterschiedlichem Maße versucht, der herrschenden Ideologie, ihrer Begrifflichkeit und ihrem Vokabular entgegenzutreten, sich gängiger politisch-sozialer Ausdrücke in einer inhaltlich anderen Richtung zu bemächtigen oder eine eigene gesellschaftspolitische Terminologie zu schaffen. Die gesellschaftlichen Verhältnisse im einzelnen wurden dann anders als von der herr-

[21] K. Marx/F. Engels, Die deutsche Ideologie, in: Karl Marx/Friedrich Engels, Werke (im folgenden MEW), Bd. 3, Berlin 1962, S. 46.

[22] E. Siepmann, Rotfront Faraday. Über Elektronik und Klassenkampf. Ein Interpretationsraster, in: Kursbuch 20, Frankfurt am Main 1970, S. 187.

[23] K. Marx/F. Engels, Die deutsche Ideologie, in: MEW, Bd. 3, a. a. O., S. 47 f.

schenden Klasse anvisiert, andere Benennungsmotive führten zu neuen Bezeichnungen. Teilweise wurden aber auch dieselben Wörter benutzt, nur etwas ganz anderes, oftmals das Gegenteil davon, darunter verstanden.

Von ganz entscheidender Bedeutung erwies sich, daß sich die Arbeiterklasse auf der wissenschaftlichen Grundlage des Marxismus-Leninismus ihr eigenes gesellschaftspolitisches Vokabular, eine auf den Erkenntnissen des dialektischen und historischen Materialismus basierende Terminologie schuf. Dies war ein Prozeß, der eng mit dem Kampf der Arbeiterklasse gegen die bestehende kapitalistische Gesellschaftsordnung zusammenhing und mit ideologischen Auseinandersetzungen innerhalb der Arbeiterbewegung unmittelbar verknüpft war. So vermittelt allein schon die Formierung und Durchsetzung des Terminus „Arbeiterklasse" ein sowohl für die Sprachgeschichte als auch für die Sozialgeschichte, insbesondere für die Geschichte der Arbeiterbewegung, höchst aufschlußreiches Bild.[24] Während Karl Marx und Friedrich Engels in der Regel die Termini „Arbeiterklasse" und „Proletariat" verwendeten, benutzte Ferdinand Lassalle den Ausdruck „Arbeiterstand" unter Verwischung der sozial-ökonomisch bedingten Klassengrenzen. Friedrich Engels lehnte entschieden diesen Terminus Lassalles ab, indem er auf die hierbei jeweils relevanten historischen Prozesse aufmerksam machte: „Die Revolution der Bourgeoisie schaffte die Stände samt ihren Vorrechten ab. Die bürgerliche Gesellschaft kennt nur noch *Klassen.* Es war daher durchaus im Widerspruch mit der Geschichte, wenn das Proletariat als ‚vierter Stand' bezeichnet worden ist."[25] In opportunistischen Strömungen der deutschen Sozialdemokratie fand der Ausdruck „Arbeiterstand" bezeichnenderweise weiterhin Verwendung. Und in der BRD ist er auch in Kreisen der SPD noch üblich. Es ist nicht zufällig, daß sich dieser inhaltlich nicht mit dem der „Arbeiterklasse" deckt, insbesondere das Merkmal des Klassenkampfes daraus verschwunden ist.

Die herrschende Klasse kennzeichnete die neuen gesellschaftlichen Verhältnisse mit überliefertem Wortgut oder prägte hierfür neue Benennungen, die deutlich ihren Blickpunkt verrieten und zum Teil gegen die von der Arbeiterklasse selbst verwendeten bzw. geschaffenen Bezeichnungen gerichtet waren. Ihr Bestreben war es, terminologisch alles zu vermeiden, was auf antagonistische Klassengegensätze hinwies und von den revolutionären Kräften besonders akzentuiert wurde. So kamen die Termini „Arbeitnehmer" seit 1848 und „Arbeitgeber" seit 1844 auf, Mitte der sechziger Jahre des vergangenen Jahrhunderts wurde „Arbeitnehmer" als alleingültiger Terminus zur Bezeichnung des „Arbeiters" in allen öffentlichen Ver-

[24] Vgl. E. Adelberg, „Arbeiter", in: Zum Einfluß von Marx und Engels auf die deutsche Literatursprache, hrsg. von J. Schildt, Berlin 1978, S. 113–171, sowie E. Adelberg, Die Entwicklung einiger Kernwörter der marxistischen Terminologie, in: Auswirkungen der industriellen Revolution auf die deutsche Sprachentwicklung im 19. Jahrhundert, hrsg. von J. Schildt, S. 302–395 (Manuskript); dieses Buch erscheint 1981 im Akademie-Verlag, Berlin.

[25] K. Marx, Das Elend der Philosophie, in: MEW, Bd. 4, Berlin 1969, S. 181 f. (Fußnote von F. Engels).

lautbarungen verwendet.[26] In der Presse und den Schulen wurde er deshalb oft gebraucht. Reformistische Strömungen in der Arbeiterklasse unterstützten durch den Verzicht auf die Entwicklung eines besonders ausgeprägten Klassenbewußtseins die Benutzung dieser Ausdrücke durch Angehörige des Proletariats.

Eine weitere typische Tendenz der herrschenden Klasse besteht darin, einige als orientierende Leitwörter dienende Termini der revolutionären Arbeiterbewegung aufzugreifen und diese inhaltlich zu verändern, das heißt sie umzufunktionieren, ihren ursprünglichen Sinn und ihre politische Zielstellung zu verfälschen oder zu eliminieren. Die Tatsache, daß solche Termini auf Grund der sozial-ökonomischen Entwicklung eine beträchtliche Resonanz in den werktätigen Massen besaßen, suchen verschiedene bürgerliche Strömungen und Parteien in der imperialistischen Phase des Kapitalismus propagandistisch für sich auszunutzen. So war es charakteristisch, daß in verschiedenen Etappen der sich im 20. Jahrhundert vollziehenden sozialökonomischen Entwicklung bürgerliche Parteien in ihren programmatischen Äußerungen nicht auf das Wort „sozial" verzichten wollten, besonders in den ersten Jahren nach der Niederschlagung des Faschismus. Ein mit dem Kampf der Arbeiterbewegung eng verknüpfter Terminus wie „Solidarität" wird von heutigen bürgerlichen Politikern vielfach gebraucht, indem allerdings dessen wesentliche Merkmale unterschlagen werden. Während in Übereinkunft mit der revolutionären Tradition der Arbeiterklasse im „Wörterbuch der deutschen Gegenwartssprache" unter „Solidarität" verstanden wird „auf dem klassenmäßigen Zusammengehörigkeitsgefühl und dem Wissen um die Gemeinsamkeit der Interessen und Ziele sich gründendes Eintreten der Angehörigen unterdrückter Klassen füreinander und die darauf beruhende gegenseitige Hilfe"; heißt es in dem in der BRD erschienenen enzyklopädischen Nachschlagewerk „Der große Brockhaus" (1957): „*Solidarismus*, ein sozialphilosophisches System, das individualistische, sozialistische und universalistische Gedankengänge verbindet. Es erkennt die Freiheit des Individuums und das Privateigentum an, fordert aber vom einzelnen Rücksicht auf das Wohl des sozialen Ganzen und tätige Hilfeleistung, auch unter persönlichen Opfern. Diese *Solidarität* ist die Grundlage der neuzeitlichen Arbeiterbewegung, bes. der Gewerkschaften." Die Umfunktionierung ist hier evident: Der Klassencharakter dieses Terminus wird zugunsten der systemstabilisierenden Tendenz völlig vertuscht. „Das große Wörterbuch der deutschen Sprache", das in Mannheim erscheint, definiert *Solidarität* als „völlige Übereinstimmung, Einigkeit mit jemd. und unbedingtes Zusammenhalten auf Grund gleicher Anschauung und Ziele". Es verweist außerdem darauf, daß dieses Wort besonders mit der Arbeiterbewegung zusammenhängt und gibt hierzu folgende Bedeutungsbeschreibung: „auf dem Zusammengehörigkeitsgefühl und dem Eintreten füreinander sich gründende Unterstützung". Auch in diesem Fall wird vom hierbei relevanten Klassencharakter abstrahiert. Die gleiche Tendenz tritt im Sozialreformismus der BRD hervor. Im Godesberger Programm

[26] E. Adelberg, Die Entwicklung einiger Kernwörter der marxistischen Terminologie, in: Auswirkungen der industriellen Revolution auf die deutsche Sprachentwicklung im 19. Jahrhundert, hrsg. von J. Schildt, a. a. O., S. 374 (Manuskript).

der SPD beispielsweise wird Solidarität neben Freiheit und Gerechtigkeit als ein Grundwert hingestellt, der von der SPD an anderer Stelle ausdrücklich verstanden wird „nicht als emotionale und parteiliche Kampfgenossenschaft, sondern als anthropologisch konstitutive Verbundenheit aller Individuen in der Gemeinschaft, also prinzipiell aller Menschen in ihrer universellen Mitmenschlichkeit, und vorrangig als sich daraus ergebende ethische Verpflichtung.“[27]

Die Sprachverwendung in der Politik, insbesondere der gesellschaftspolitische Wortschatz sind Ausdruck des Klassenkampfs, wenn es hierbei auch verschiedene Ebenen und Problemkomplexe zu unterscheiden gilt. Besonders bieten sich für eine nähere Betrachtung das Verhältnis von Wissenschaft und Ideologie, Fachwortschatz und Allgemeinsprache, Ideologie und sprachlicher Wertung an.

In den bürgerlichen Sozialwissenschaften werden Politik und Wissenschaft ebenso als konträre Erscheinungen verstanden wie Ideologie und Wissenschaft.[28] Durch die Ideologie beispielsweise würden nach Ansicht von Neopositivisten wie Popper, Topitsch oder Albert Wertungen vorgenommen, die mit Wissenschaft und Erkenntnis in keinem inneren Zusammenhang ständen. Oftmals wird auch behauptet, daß Ideologie und Propaganda identisch seien und scharf von Wissenschaft getrennt werden müßten. Sie leugnen, daß das gesellschaftliche Bewußtsein das gesellschaftliche Sein widerspiegelt, und wollen mit ihrer abwertenden Kritik der Ideologie in erster Linie die sozialistische Ideologie treffen, die dank der Position der Arbeiterklasse in der bisherigen Menschheitsgeschichte zugleich fundamentale Erkenntnisse über die gesellschaftlichen Entwicklungsgesetze beinhaltet. Der Marxismus-Leninismus „ist zwar selbst Ideologie und Ideologiekritik, zugleich aber der wissenschaftliche Ausdruck jenes gesellschaftlichen Bewußtseins, welches als Moment einer historisch neuen Praxis die Merkmale auch der geistigen Konsequenzen der alten gesellschaftlichen Verhältnisse abgestreift hat bzw. abzustreifen im Begriffe ist“.[29] Das Prinzip der Parteilichkeit besitzt in diesem Zusammenhang einen besonderen Stellenwert. Es hängt mit der Klassengebundenheit einer Ideologie zusammen und bedeutet das bewußte und kämpferische Eintreten für den gesellschaftlichen Fortschritt. In bezug auf die sozialistische Ideologie heißt dies: Übereinstimmung mit den objektiven Entwicklungsgesetzmäßigkeiten der Menschheitsgeschichte. Parteilichkeit ist also nichts Subjektivistisches, Willkürliches, sondern steht in unmittelbarer Verbindung mit dem aktiven Eintreten für das, was sich nach wissenschaftlichen Erkenntnissen als historische Gesetzmäßigkeit erweist.

Es ist typisch für bürgerliche Sprachwissenschaftler, Sozialwissenschaftler und

[27] A. Schwan, Freiheit, Gerechtigkeit und Solidarität, in: Berliner Stimme. Sozialdemokratisches Forum, Nr. 1, 30. 10. 1971, S. 4 (zit. nach: V. Schmidt, Gesellschaftlich determinierte Bedeutungsveränderungen im deutschen Wortschatz seit dem 19. Jahrhundert, in: Linguistische Studien, Akademie der Wissenschaften der DDR, Zentralinstitut für Sprachwissenschaft, Reihe A, H. 48, Berlin 1978, S. 89).

[28] Vgl. hierzu E. Hahn, Ideologie. Zur Auseinandersetzung zwischen marxistischer und bürgerlicher Ideologietheorie, Berlin 1969.

[29] Ebenda, S. 15.

Publizisten der BRD, daß sie sich immer wieder an dem Wort und Begriff „Parteilichkeit" reiben, wie es bei uns in der DDR gebraucht wird. Sie wollen „parteilich" vornehmlich im Sinne von „parteiisch" verstehen, das heißt mit negativer Färbung. „Parteiisch" wird nämlich dann gebraucht, wenn eine Person, von der Neutralität auf Grund ihrer Funktion erwartet werden muß, für die eine Person bzw. Gruppe oder für die andere Partei ergreift, so zum Beispiel ein Schiedsrichter bei einem Fußballspiel oder ein Richter in einem Prozeß. Die im „Wörterbuch der deutschen Gegenwartssprache" genannten ersten zwei Bedeutungen „bewußt und entschieden für die Sache der Arbeiterklasse Partei ergreifend" und „klassengebunden, bewußt oder unbewußt Interessen einer Klasse vertretend", die terminologischen Charakter tragen, werden von den erwähnten Kreisen als ideologiebehaftet ironisch-verächtlich oder überhaupt nicht zur Kenntnis genommen. Sie betreiben eine absichtliche Entterminologisierung, indem sie das Wort „parteilich" in der älteren Alltagsbedeutung von „zu einer Partei haltend", „parteiisch" auffassen. Das 1970 in Mannheim in der Reihe „Der Große Duden" erschienene Bedeutungswörterbuch führt „parteilich" und „parteiisch" ohne Unterschied an und erläutert „parteiisch" als „parteilich, subjektiv, einseitig unsachlich, ungerecht". Im Sprachgebrauch der DDR hingegen werden „parteiisch" und „parteilich" semantisch genau differenziert, wobei letzteres sich unmittelbar im Zusammenhang mit dem Terminus „Parteilichkeit" entwickelt hat.[30]

Das erwähnte Beispiel deutet schließlich auf ein Phänomen hin, das in der bisherigen Erforschung des gesellschaftspolitischen Wortschatzes nur ungenügend behandelt worden ist: Wir meinen das ebenso interessante wie komplexe Problem der Präsupposition.[31] In zahlreichen Fällen müssen nämlich allgemein bekannte und akzeptierte Annahmen oder Erwartungen im Kommunikationsakt vorausgesetzt werden, auf die kein direkter verbaler Bezug erfolgt. Bei „parteiisch, parteilich" handelte es sich, wie bereits erwähnt, um die vorauszusetzende Neutralität, die verletzt wird. Neben diesen allgemein akzeptierten Annahmen oder Erwartungen gibt es aber auch solche, die gruppen- bzw. klassenbedingt sind und in der ideologischen Auseinandersetzung eine bedeutende Rolle spielen. So geht die imperialistische Propaganda vielfach von ideologischen Annahmen aus, die sie über einen längeren Zeitraum hin systematisch mit Hilfe von Stereotypen bei großen Teilen der Bevölkerung aufzubauen versucht hat. Ein typisches Beispiel hierfür ist aus jüngster Zeit unter anderem die in Anlehnung an „nachholen" vorgenommene Neuprägung „nachrüsten", mit der über die semantisch implizierten Voraussetzungen von „im Rückstand sein" und „Notwendigkeit, dies aufzuholen", insinuiert werden soll, daß der eigenen Sicherheit wegen die Rüstung angekurbelt werden müsse, um gegenüber

[30] Vgl. V. Schmidt, Gesellschaftlich determinierte Bedeutungsveränderungen im deutschen Wortschatz seit dem 19. Jahrhundert, in: Linguistische Studien, Akademie der Wissenschaften der DDR, Zentralinstitut für Sprachwissenschaft, Reihe A, H. 48, a. a. O., S. 37 ff.

[31] Vgl. O. Ducrot, Dire et ne pas dire, principes de sémantique linguistique, Paris 1972; G. Leech, Semantics, London 1974, S. 291 ff.; K.-H. Körner, Einführung in das semantische Studium des Französischen, Darmstadt 1977, S. 142 ff.

der militärischen Macht der sozialistischen Staatengemeinschaft einen Rückstand wettzumachen. Dies wiederum stützt sich auf die oftmals bis zur Hysterie gehende Welle des Antikommunismus, bei der häufig von der Bedrohung aus dem Osten die Rede ist. Auf diese Weise wird die von den imperialistischen Massenmedien in verschiedenen Varianten immer wieder aus zweckpropagandistischen Gründen vorgebrachte Leitidee vom militärischen Übergewicht der Sowjetunion und ihrer sozialistischen Verbündeten im Sinne einer Zuspitzung semantisch aufgeladen.

Daß neue gesellschaftliche Verhältnisse im Wortschatz ihren Niederschlag in vielfältigen Formen finden, ist eine Binsenweisheit. Deshalb ist es nur natürlich, daß die hiervon recht unmittelbar berührten Wortschatzbereiche des Deutschen unterschiedliche Entwicklungen in der DDR und der BRD aufweisen. Zahlreiche Neologismen oder neue Wortbedeutungen einschließlich Wertungen sind in den vergangenen 30 Jahren aufgetaucht und inzwischen meistens fester Bestandteil der Lexik geworden, die auf Grund der gesellschaftlichen Gegebenheiten entweder nur in der DDR oder nur in der BRD üblich sind.[32] Die Tatsache, daß sich in der DDR tiefgreifende gesellschaftliche Umwälzungen vollzogen haben, kommt darin deutlich zum Ausdruck. Die neue gesellschaftliche Qualität der bei uns eingetretenen sozialen Veränderungen zeigt sich unter anderem auch darin, daß nicht nur die neu entstandenen gesellschaftlichen Verhältnisse, Ideale, Wertvorstellungen und Institutionen eine entsprechende Benennung und Kennzeichnung erhielten, sondern auch die Blickrichtung in den Ideologiebereichen durch die wissenschaftliche Weltanschauung des Marxismus-Leninismus entscheidend geprägt wurde. Hierbei wurde vielfach auf die revolutionären Traditionen der Arbeiterklasse zurückgegriffen. Die Veränderungen im gesellschaftspolitischen Wortschatz der BRD hingegen, sieht man von der Terminologie linksoppositioneller marxistischer oder marxistoider Gruppen ab, sind weiterhin in den geistigen Bahnen der kapitalistischen Gesellschaftsordnung verlaufen, bleiben also semantisch den Grundkategorien bürgerlicher Vorstellungswelt verhaftet.

Es war bezeichnend, daß bis in die sechziger Jahre hinein Philologen und Journalisten der BRD den DDR-spezifischen Wortschatz als Funktionärsjargon der SED zu verketzern suchten und darin das Zeugnis einer von der DDR bewußt betriebenen Sprachspaltung erblicken wollten.[33] Im Sinne des Bonner Alleinvertretungsanspruchs verschlossen sie die Augen vor den neuen gesellschaftlichen Realitäten und erachteten den gesellschaftspolitischen Sprachgebrauch in der BRD als „gesamtdeutsche" Verbindlichkeit. In der 1980 erschienenen zweiten, neu bearbeiteten und erweiterten Auflage des „Lexikons der Germanistischen Linguistik" fühlt sich Manfred W. Hellmann in dem Kapitel über die deutsche Sprache in der

[32] Vgl. Th. Schippan, Die Rolle der politischen und philosophischen Terminologie im Sprachgebrauch beider deutscher Staaten und ihre Beziehungen zum allgemeinen Wortschatz, in: Wissenschaftliche Zeitschrift der Karl-Marx-Universität Leipzig, Gesellschafts- und Sprachwissenschaftliche Reihe, 2/3/1968, S. 177–183.

[33] Vgl. u. a. Das Aueler Protokoll – Deutsche Sprache im Spannungsfeld zwischen West und Ost, hrsg. von H. Moser, Düsseldorf 1964.

BRD und der DDR zu folgendem Eingeständnis veranlaßt: „Der Ansatz, der davon ausging, die Besonderheiten in der DDR als quasi regionalsprachliche Abweichungen von einer als gemeinsprachlich aufgefaßten BRD-Norm abzuheben, wurde aufgegeben, da er eine gleichgewichtige Untersuchung auch der eigenen Spezifika mindestens erschwerte. Unhaltbar ist heute der gruppensprachliche Ansatz: Die Spezifika der DDR können nicht länger als Idiom einer herrschenden Gruppe („Parteijargon") betrachtet werden, wenn jeder DDR-Bürger – allerdings in rollen- und situationsgebundener Abstufung – die wesentlichen Elemente des gesellschafts- und ideologiegebundenen Wortschatzes der DDR mindestens passiv, ggf. auch aktiv beherrschen muß und beherrscht."[34]

Ein übler und häufig angewandter Trick der bürgerlichen Kritiker des politischen Sprachgebrauchs in der DDR besteht schließlich darin, unter dem Vorzeichen des „Totalitarismus" eine enge Verbindung zur Sprachregelung und politischen Ausdrucksweise im faschistischen Deutschland herzustellen. Bestimmte sprachliche Tendenzen werden so gekennzeichnet, daß daraus Übereinstimmungen oder Ähnlichkeiten suggeriert werden können, obwohl es sich um inhaltlich völlig verschiedene Positionen oder um generellere Erscheinungen handelt.

Den Terminus „Totalitarismus" hatte der italienische Faschismus Mitte der zwanziger Jahre geschaffen. „Lo Stato Totalitario" sollte das Staatsideal des Faschismus gegenüber der parlamentarischen bürgerlichen Demokratie verkörpern: die in alle Bereiche eingreifende absolute Durchsetzung der Autorität des Staates. Die nazistischen Staatstheoretiker in Deutschland gaben sich damit bei aller Sympathiebekundung nicht zufrieden und wollten zu dieser Auffassung vom Staat als totalem Machtapparat unbedingt noch den sogenannten völkischen Gedanken einbringen. So formulierte Ernst Krieck, einer der führenden nazistischen Rechtswissenschaftler, im Jahre 1933: „Der totale Staat, der wahre ‚Volksstaat' ist indessen die völkische Ganzheit selbst."[35] In den dreißiger Jahren begannen bürgerlich-liberale Kräfte in den USA und in Westeuropa den Begriff „Totalitarismus" nicht nur zur Kennzeichnung der faschistischen Regime in Italien und Deutschland zu gebrauchen, sondern in bewußt geschichtsfälschender Verdrehung auch für die gesellschaftlichen Verhältnisse in der Sowjetunion. Nach dem zweiten Weltkrieg wurde dann im Zuge der massiv betriebenen Kampagne des Antikommunismus in den bürgerlich-kapitalistischen Ländern diese grobschlächtige Tendenz der Gleichsetzung von Faschismus und Kommunismus verstärkt fortgesetzt und im betonten Gegensatz hierzu das Ideal der pluralistischen Gesellschaftsordnung entwickelt und propagiert. Ein für diese Totalitarismuskonzeption typisches und einflußreiches Buch war unter anderem das von Hannah Arendt „The Origins of Totalitarianism", das erstmals 1951 in New York erschien. Aus trüben Quellen fischend werden darin plumpe geschichtsfälschende Argumentationen entwickelt, um die abgefeimte

[34] Lexikon der Germanistischen Linguistik, Tübingen ²1980, S. 522.

[35] Zit. nach J. P. Faye, Théorie du récit. Introduction aux «Langages totalitaires», Paris 1972, S. 97.

These der Gleichsetzung von Faschismus und Kommunismus zu begründen. Nur ein Beispiel, für zahlreiche dieser Art sei hier zitiert: „Es war charakteristisch für den Aufstieg der totalitären Bewegungen in Europa, der faschistischen wie der kommunistischen, daß sie ihre Mitglieder aus der Masse jener scheinbar politisch ganz uninteressierten Gruppen rekrutierten, welche von allen anderen Parteien als zu dumm oder zu apathisch aufgegeben worden waren."[36] Jeder Kommentar erübrigt sich hier wohl. Wer auch nur in groben Zügen die Geschichte der Arbeiterbewegung kennt, merkt sofort, wieviel hier völlig verdreht oder falsch dargestellt worden ist. Daß der Faschismus im Klasseninteresse der Monopolbourgeoisie wirkte und daß die Kommunisten die Hauptkraft im antifaschistischen Widerstandskampf bildeten, davon will die Autorin nichts wissen. Ihr demagogisch aufgebautes ideologisches Gerüst wäre dann nämlich kläglich zusammengebrochen.

Daß reaktionäre Geister den gesellschaftspolitischen Wortschatz aufs Korn zu nehmen und zu verunglimpfen suchen, mit dem fortschrittliche Kräfte ihre Grundpositionen, Forderungen und Ideale formulieren, ist nicht neu. Ein charakteristisches Beispiel hierfür bot schon die Französische Revolution.[37] Vor allem nach dem 9. Thermidor bemühten sich durch die Jakobinerdiktatur erschreckte Intellektuelle, jene Wörter und Wendungen auszumerzen, die allzu deutlich noch den Atem der Revolution spüren ließen. Der bekannte, klassizistisch eingestellte Literaturkritiker Laharpe tat sich hierbei besonders hervor und verfaßte das berüchtigte Pamphlet „Le Fanatisme dans la langue révolutionnaire", in dem er nach seinen eigenen Worten die französische Sprache von der revolutionären Schmutzkruste sauber waschen wollte. Zahlreiche Wörter belegte er, den Paul Lafargue als Worthenker bezeichnete,[38] mit einem Bannfluch wegen ihres häufigen Gebrauchs in revolutionären Kreisen. Viele dieser von Laharpe geschmähten Wörter wie „démocratiser, civique, citoyen" usw. blieben dennoch erhalten. Zum anderen mußten Revolutionäre wie Babeuf erkennen, daß mit der Revolution geschaffene zentrale gesellschaftspolitische Termini von den herrschenden bürgerlichen Schichten semantisch völlig konträr zu dem Wortinhalt aufgefaßt wurden, wie er und seine kommunistischen Gesinnungsfreunde ihn verstanden. Den gegen ihn und seine Kampfgefährten erhobenen Vorwurf, daß sie „anarchistes" und „désorganisateurs" seien, weist er deshalb kategorisch zurück. Vielmehr seien diese Bezeichnungen für die durch die Revolution zur Herrschaft gelangten Schichten angebracht, da sie für die gesellschaftlichen Widersprüche und daraus resultierenden Mißstände verantwortlich seien.[39]

36 H. Arendt, Elemente und Ursprünge totaler Herrschaft, Frankfurt am Main 1958, S. 463.

37 Vgl. M. Frey, Les transformations du vocabulaire français à l'époque de la Révolution (1789-1800), Paris 1925; F. Brunot, Histoire de la langue française des origines à 1900, t. IX: La Révolution et l'Empire, deuxième partie: Les événements, les institutions et la langue, Paris 1937.

38 P. Lafargue, Die französische Sprache vor und nach der Revolution, in: P. Lafargue, Vom Ursprung der Ideen, Ausgewählte Schriften, Dresden 1970, S. 106.

39 Le Tribun du peuple, N° 36, 11 décembre 1795, in: Textes choisis (Les Classiques du peuple), Paris 1950, S. 48.

Es ist relativ einfach, Beispiele aus Gegenwart und Vergangenheit für den Gebrauch der Sprache im Klasseninteresse zu finden. Schwieriger erweist es sich schon, die einzelnen Typen und Verfahren dieses Sprachgebrauchs herauszustellen und diese in ihrem Mechanismus zu beschreiben. Die Verwendung der Sprache im Klasseninteresse wird durch vielfältige Mittel realisiert, wobei es von der jeweiligen Kommunikationsstrategie abhängt, inwieweit bestimmte sprachliche Möglichkeiten auf stilistischer und textlinguistischer Ebene genutzt werden. Auch die Art der Benennung spielt in diesem Zusammenhang eine wichtige Rolle. Die Benennungsmotive, die konnotativen Elemente und die ideologiegebundenen Wörter stellen aufschlußreiche Indikatoren dafür dar, von welcher Klassenposition die gesellschaftlichen Verhältnisse oder das politische Geschehen betrachtet und bewertet wird.

Ebenso bedarf das Verhältnis zwischen Fachwortschatz und Allgemeinwortschatz auf dem Gebiet der Politik einer näheren Beleuchtung. Ein Fachwortschatz setzt sich weitgehend aus Termini zusammen. Unter Terminus ist hierbei nicht nur eine spezifische lexikalische Einheit zu verstehen, die einen definierten Begriff im System eines Fachgebietes bezeichnet. Im weiteren Sinne sind nämlich als Termini auch Fachausdrücke oder spezialisierte Bezeichnungen zu verstehen, insofern sie in einem Sachgebiet eindeutig bestimmbare (konkrete) Dinge bezeichnen und somit auch einen Sonderwortschatz herausbilden.[40]

In der Sprache der Politik existieren offenkundig zahlreiche Fachtermini, ohne daß von einem speziellen politischen Fachwortschatz gesprochen werden kann. Da die Politik als Kampf der Klassen und ihrer Parteien um die Macht im Staate bzw. deren Sicherung zur Durchsetzung entsprechender Interessen alle Lebensbereiche der Gesellschaft berührt, erhalten die jeweils auftauchenden Fachtermini auch ihr semantisches Gepräge zunächst durch ihren Stellenwert in der Fachlexik des jeweiligen Wissenschaftszweiges oder des betreffenden Arbeitsgebietes. Nur solche Fachtermini, die sich auf die breite Öffentlichkeit interessierende Phänomene beziehen, werden häufiger in der Allgemeinsprache gebraucht. Bei dem gesellschaftspolitischen Wortschatz beispielsweise, der sich auf die ökonomischen, sozialen und politischen Beziehungen zwischen den Klassen einer bestimmten, durch die jeweiligen sozialökonomischen Verhältnisse geprägten Gesellschaft erstreckt, gilt es deshalb, eine Übergangszone zwischen Allgemeinwortschatz und Fachwortschatz zu beachten. Diese ist nach den jeweils vorhandenen soziokulturellen und kommunikativen Bedingungen von unterschiedlicher Dimension und Beschaffenheit. Die politischen und ideologischen Strömungen und die sich herausbildenden Gesellschaftswissenschaften sind zwar mit unterschiedlichem Erfolg bestrebt gewesen, eine eigene Terminologie zu entwickeln, doch waren zahlreiche ideologiegebundene lexikalische Elemente oftmals nicht auf eine systematische Theorie bezogen, besaßen deshalb keinen streng terminologischen Charakter, erwiesen sich vielfach nur

[40] Vgl. J. Filipec, Zur Spezifik des spezialsprachlichen Wortschatzes gegenüber dem allgemeinen Wortschatz, in: Deutsch als Fremdsprache *6* (1969), S. 408.

als ungenaue und unbefriedigende Termini. Der Marxismus-Leninismus brachte hier eine entscheidende Wende, indem er mit der wissenschaftlichen Erkenntnis der Grundgesetze der gesellschaftlichen Entwicklung auch eine adäquate Terminologie schuf.

Werden die fachsprachlichen Termini einmal in der Allgemeinsprache gebraucht, besteht die Möglichkeit, daß ihre ursprüngliche terminologische Fixierung unscharf wird, indem sie an neue Assoziationsreihen des alltagssprachlichen Wortgebrauchs angeschlossen werden. Diese Gefahr der Entterminologisierung vermag durch den bewußten Gebrauch eines Terminus gebannt zu werden. Dies wiederum hängt allerdings von der politischen Bildung und Haltung der betreffenden Sprachträger ab. Auf der anderen Seite ist es charakteristisch, daß durch die Zielstellung, breiteste Schichten anzusprechen, bei den Darlegungen politischer, sozialer und ökonomischer Probleme zahlreiche beschreibende Elemente der nichtterminologisch gebundenen Lexik Verwendung finden. Oftmals wird gern zu Benennungen gegriffen, die in ihrer Durchsichtigkeit und Motiviertheit eine beeinflussende Wirkung auszuüben vermögen. Eine sehr wichtige Rolle spielt schließlich in der Sprache der Politik die politische Ideologie, in der die verschiedenen Klassen sowohl ihr politisches Selbstverständnis reflektieren als auch ihre Zielstellungen formulieren und begründen. Sie erweist sich als ein bestimmendes Element im gesellschaftlichen Bewußtsein und bringt durch Klasseninteressen bedingte Verhaltensnormen, Einstellungen und Wertungen zum Ausdruck.[41]

Ausgehend von der Tatsache, daß es eine durch die jeweiligen Arbeitsaufgaben bedingte fachsprachliche Lexik in einzelnen gesellschaftlichen Bereichen und Institutionen gibt, von der nur wenige Elemente in der Allgemeinsprache gängig sind, unterschied Walther Dieckmann im Anschluß an E. Pankoke[42] Funktionssprache und Meinungssprache. Beide definiert er wie folgt: „Die Funktionssprache dient der organisatorischen Verständigung innerhalb des staatlichen Apparates und seiner Institutionen ... Sie ist wirklichkeitsbezogen und hat ein stark rationales Gepräge. Die Meinungssprache vermittelt die Deutungen, die die Ideologie von der Wirklichkeit gibt und richtet sich nach außen an die Öffentlichkeit. Sie enthält einen starken Einschlag ideologischen Vokabulars."[43] Trotz einzelner wichtiger Einsichten liegt hier ein bezeichnender Kurzschluß vor. Erstens beruht diese Einteilung auf einer geradezu antagonistischen Gegenüberstellung von Wirklichkeit und Ideologie. Ideologie, wird fälschlich gefolgert, widerspiegele die Wirklichkeit stets nur sehr verzerrt, biete absolut keinen Ansatz zu wissenschaftlich fundierten Erkenntnissen. Zweitens existieren zwischen der sogenannten Funktionssprache und der angenommenen Meinungssprache, zumindest in der sozialistischen Gesellschaft,

[41] Vgl. Sprache und Ideologie. Beiträge zu einer marxistisch-leninistischen Sprachwirkungsforschung, hrsg. von W. Schmidt, Halle 1972.

[42] E. Pankoke, Sprache in „sekundären Systemen". Zur soziologischen Interpretation sprachkritischer Befunde, in: Soziale Welt, *XVII* (1966), S. 253–273.

[43] W. Dieckmann, Sprache in der Politik. Einführung in die Pragmatik und Semantik der politischen Sprache, Heidelberg 1969, S. 81.

Wechselbeziehungen. Dieckmanns Behauptung, daß die Funktionssprachen ganz unterschiedlicher gesellschaftlicher Systeme auf Grund zahlreicher Ähnlichkeiten auf keine bestimmte Ideologie zu beziehen seien, läßt sich zweifellos nicht aufrechterhalten. Sie deutet auf Annahme bürgerlicher Konvergenztheorie hin, wie es unverkennbar aus folgenden Formulierungen hervorgeht: „Die Ähnlichkeiten der Funktionssprachen ganz unterschiedlicher politischer Systeme erlauben es nicht, die Sprachformen auf eine bestimmte Ideologie zu beziehen. Richtiger scheint es, in ihnen sprachliche Spiegelungen von Vorgängen zu sehen, die in den Organisationsformen entwickelter und hochindustrialisierter Gesellschaften ihren Ursprung haben und sich unterhalb der verschiedenen Ideologien und zum Teil gegen sie durchgesetzt haben."[44] Indessen haben Untersuchungen zum Wortschatz der Finanzpolitik gezeigt, daß auch die sogenannte interne Funktionssprache ideologiegebunden ist, also auf bestimmten sozialökonomischen Verhältnissen fußt.[45] Scheinbare technische und methodische Gemeinsamkeiten in der organisierenden administrativen Bewältigung der Aufgaben deuten zwar auf Analogien hin, doch haben sie einen ganz unterschiedlichen Stellenwert in den jeweiligen sozialökonomischen Verhältnissen. Herbert Meißner betont im Hinblick auf die sich anbietenden parallelen Aspekte mit Recht, daß in diesem Fall überhaupt nicht von Konvergenz gesprochen werden kann: „Es fehlt ihnen nämlich die typische Eigenschaft konvergenter Prozesse: Sie entwickeln sich nicht aufeinander zu! Sie üben lediglich in ähnlicher Weise (Analogie) ihre Funktion im Rahmen ganz unterschiedlicher Gesamtsysteme aus, und sie dienen damit letztlich auch der Realisierung ganz unterschiedlicher Zielfunktionen."[46] Dies gilt in ähnlicher Weise auch für die Verwendung der Sprache, vor allem für die sprachlichen Benennungen, die sich in diesem Bereich erforderlich machen.

Bereits ein kurzer Blick auf die Verwendung der Sprache in der Politik läßt erkennen, welche Bedeutung den emotiven Momenten, der Wertung und den Nebenvorstellungen hierbei zukommt. Das in der Linguistik immer wieder ins Blickfeld gerückte Problem der Konnotation[47] bedarf deshalb gerade auf diesem Feld weiterer eingehender Behandlung. Es handelt sich um die Mit- und Nebenbedeutungen eines Wortes, die über die kognitive Bedeutung hinaus eine Einstellung bzw. Wertung des Senders gegenüber dem Denotat ausdrücken. Allerdings gilt es, in diesen Fällen streng zwischen denjenigen zu unterscheiden, die als individuell zu betrachten sind und äußerst mannigfaltig und variabel sein können und denjenigen,

[44] Ebenda, S. 83.

[45] I. Hoffmann, Zur Ideologiegebundenheit der finanzpolitischen Lexik, in: Sprache und Ideologie. Beiträge zu einer marxistisch-leninistischen Sprachwirkungsforschung, hrsg. von W. Schmidt, a. a. O., S. 219–238.

[46] H. Meißner, Konvergenztheorie und Realität, Berlin ²1971, S. 83.

[47] Vgl. C. Kerbrat-Orecchioni, La Connotation, Lyon 1977; G. Rössler, Konnotationen, Untersuchungen zum Problem der Mit- und Nebenbedeutung, Wiesbaden 1979; Th. Schippan, Zum Problem der Konnotationen, in: Zeitschrift für Phonetik, Sprachwissenschaft und Kommunikationsforschung *32* (1979), S. 679–684.

die generell oder zumindest gruppen- bzw. klassenspezifisch, also intersubjektiv auftreten. Da Konnotationen nicht Merkmale des bezeichneten Denotats widerspiegeln, erweisen sie sich als zusätzliche Elemente der an ein Zeichen gebundenen Bewußtseinsinhalte, die entweder an Haltungen und Emotionen des Zeichenbenutzers zum Denotat gebunden sind oder an „die Einordnung des betreffenden Zeichens in ein Normensystem der sozialen Verwendungsweise sprachlicher Mittel".[48] Die Konnotationen bringen Informationen über die am Kommunikationsakt beteiligten Faktoren, den Sender, den Empfänger, den Code und die Kommunikationssituation.[49] Es wäre indessen abwegig, die Ideologiegebundenheit sprachlicher Benennungen, das heißt, die Prägung und Verwendung von Wörtern und Wortverbindungen vom Blickpunkt des Klasseninteresses mit dem Begriff der Konnotation gleichzusetzen. Wolfgang Fleischer hebt mit Recht hervor, daß die Ideologiegebundenheit „in der Auswahl, Zuordnung und Differenzierung der sprachlich zu fixierenden Erscheinungen der Realität sowie in den Bezeichnungsmotiven von Benennungen und Prozessen semantischer Übertragung"[50] zum Ausdruck kommt.

Ideologiegebundenheit und Konnotation rücken immer wieder im besonderen Maße ins Blickfeld, wenn in den Analysen des politischen Sprachgebrauchs ein solches Phänomen unter die Lupe genommen wird, das man gewöhnlich als Schlagwort kennzeichnet. Über das Schlagwort ist bereits viel geschrieben worden. Seine Definition und Bewertung schwankte bisher beträchtlich. Über Charakter und Funktion des Schlagwortes haben sich vorrangig Historiker und Soziologen geäußert und in neuerer Zeit auch Linguisten, die der Kommunikationsproblematik besondere Aufmerksamkeit schenken.[51] In der Tat geht diese Problematik weit über den linguistischen Rahmen hinaus. Was bei der Wirkung eines Schlagwortes spezifisch sprachlicher Art ist, bildet nur ein Glied eines weitgreifenden Mechanismus.

Der bürgerliche Historiker W. Bauer, der das Schlagwort als sozialpsychische und geistesgeschichtliche Erscheinung untersuchte, schrieb im Jahre 1920: „Ich sehe in Schlagworten solche Wörter und Wendungen, die ihren ursprünglichen logischen Wortsinn mehr oder weniger abgestreift haben und in der gefühlsbetonten Vereinigung und Heranziehung entsprechender Nachbarbegriffe zu Symbolen bestimmter Gedankenrichtungen geworden sind."[52] Hohe Emotionalität und begriffliche Verschwommenheit werden hier dem Schlagwort zugeschrieben. Und es

[48] D. Viehweger u. a., Probleme der semantischen Analyse, Berlin 1977, S. 101.

[49] Vgl. K. Bochmann, Zum theoretischen Status und operativen Wert der Konnotation, in: Linguistische Arbeitsberichte, Bd. 10, Leipzig 1974, S. 29 ff.

[50] W. Fleischer, Konnotation und Ideologiegebundenheit in ihrem Verhältnis zum Sprachsystem und Text, in: Wissenschaftliche Zeitschrift der Karl-Marx-Universität Leipzig, Gesellschafts- und Sprachwissenschaftliche Reihe, 5/1978, S. 550.

[51] Vgl. u. a. R. Freitag, Aktuelle Probleme einer synchronen Schlagwortforschung, in: Linguistische Untersuchungen zur Sprache der Gesellschaftswissenschaften, hrsg. von W. Fleischer, Leipzig 1977, S. 84–135.

[52] W. Bauer, Das Schlagwort als sozialpsychische und geistesgeschichtliche Erscheinung, in: Historische Zeitschrift *122* (1920), S. 229.

fehlt nicht an Kritikern, die dieser Merkmale wegen das Schlagwort als besonders geeignet für demagogische und manipulatorische Zwecke hinstellen. Begriffliche Unbestimmtheit und hohe Emotionalität lassen sich zwar für zahlreiche Schlagworte in der bürgerlichen Gesellschaft nachweisen, doch wäre es verfehlt, deswegen das Schlagwort schlechthin durch diese beiden Komponenten zu bestimmen. Ein Schlagwort kann nämlich neben seinem emotionalen Gehalt auch Ziele und Interessen begrifflich auf konzentrische Weise und zuweilen sehr prägnant ausdrücken, in knappster Form maßgebliche Orientierungspunkte anvisieren und so agitatorisch als Leitwort dienen. Insbesondere in der sozialistischen Gesellschaft repräsentiert das Schlagwort oftmals bestimmte gemeinsame Leitbilder und gesellschaftliche Werte. Es vermag eine mobilisierende Wirkung auszuüben.[53]

Nach neueren Untersuchungen sind Leitworte als eine Untergruppe der Schlagworte stets auf die eigene Ideologie bezogen und weisen eine positive Bewertung auf.[54] Sie enthalten in diesem Fall eine präskriptive Wertungskomponente, betonen nachdrücklich einen bestimmten Standpunkt. Zum Wesen des Schlagwortes gehört es nach Georg Klaus, daß das Schlagwort den Empfänger durch den Sender kategorisch zur Bewertung des Sachverhalts auffordert.[55] Schließlich hebt Georg Klaus noch den strategischen Charakter hervor, da das Schlagwort geeignet sei, über einen längeren Zeitraum hinweg den eigenen Standpunkt in gedrängter Form darzustellen und sich vom Gegner abzugrenzen. Nicht jedes Lexem, das die Funktionswirkung eines Schlagwortes haben soll, erreicht das allerdings. Mit Recht ist festgehalten worden: „Eine politische Situation, eine psychologische Bereitschaft, eine emotionale Assoziationsmöglichkeit, eine neue Perspektive ist die notwendige Voraussetzung für den Erfolg eines Schlagwortes."[56] Dies muß natürlich unbedingt in den Kontext der gesellschaftlich determinierten Kommunikationsverhältnisse und Kommunikationssituationen hineingestellt werden, wobei der Charakter und die Zielsetzungen der hierbei im Hintergrund stehenden Ideologie von grundlegender Bedeutung sind. Schlagworte erweisen sich daher auch als ideologische Knotenpunkte auf der Ebene der Kommunikation. Entscheidend bei der Prägung und Verwendung von Schlagworten ist es, ob damit wie bei den imperialistischen Manipulationspraktiken auf bereits erzeugtes „falsches Bewußtsein" oder entsprechende stereotype Komplexe rekurriert wird, oder man sich hierbei leiten läßt vom Wissen um die objektiven Gesetze der gesellschaftlichen Entwicklung. Im letzteren Fall vermag im sprachlichen Kommunikationsprozeß das Schlagwort zur Parteilichkeit, zur Parteinahme für den gesellschaftlichen Fortschritt fördernd beizutragen. Emotionalität widerspricht hier nicht der Wissenschaftlichkeit.

53 W. Hartung u. a., Sprachliche Kommunikation und Gesellschaft, a. a. O., S. 458.

54 R. Freitag, Aktuelle Probleme einer synchronen Schlagwortforschung, in: Linguistische Untersuchungen zur Sprache der Gesellschaftswissenschaften, hrsg. von W. Fleischer, a. a. O., S. 85.

55 G. Klaus, Sprache der Politik, Berlin 1971, S. 133 ff.

56 W. Betz, Koexistenz, Schlagwort, Sprach- und Menschenlenkung, in: Alteuropa und die moderne Gesellschaft, Festschrift für O. Brunner, Göttingen 1963, S. 342.

Werner Neumann

Weltanschauliche Aspekte der hermeneutischen Sprachkonzeption[1]

Die Wendung gegen den Szientismus

Lange standen die verschiedenen Schulen des sprachwissenschaftlichen Strukturalismus im Mittelpunkt der Kritik seitens marxistischer Linguisten. Verselbständigung der Sprache gegenüber der Gesellschaft und deren Geschichte, Abstraktion von Variabilität und Differenziertheit der Sprache sowie Vernachlässigung der substantiellen Voraussetzungen und der inhaltlichen, semantischen bzw. funktionalen Seite der Sprache waren Hauptpunkte der Kritik. Die strukturalistischen Konzeptionen wurden als Erscheinungsformen idealistischen bzw. positivistischen Denkens in der Linguistik zurückgewiesen.

Seit den sechziger Jahren trifft man nun eine sich neu ausdehnende Strukturalismuskritik auch innerhalb der bürgerlichen Linguistik. Sie erfolgt nicht etwa von gleichzeitig weiterlaufenden älteren, sozusagen prästrukturalistischen Ansätzen her, sondern geht von verhältnismäßig neuen Richtungen aus. Dabei sind verschiedene Phasen auseinanderzuhalten.

Gleichsam ein Vorspiel bildet die polemische Wendung der generativen Transformationsgrammatik gegen den Empirismus, Physikalismus und Behaviorismus des US-amerikanischen Deskriptivismus, der wohl die rigoroseste Erscheinungsform des „klassischen" Strukturalismus bildete. Gegen die Auffassung, daß die Sprache auf einem Reiz-Reaktions-Schema beruhe, dessen Struktur durch die Segmentation und Klassifizierung von Äußerungen bzw. Textstücken aufzudecken sei, wird eine differenziertere Annahme gesetzt. In dieser vereinen sich traditionelle Inhalte mit qualitativ neuen theoretischen und methodologischen Prinzipien. Ihr zufolge ist Gegenstand der linguistischen Untersuchung ein Kenntnissystem, dessen Aufbau auf der Basis von Sprecherurteilen über die Korrektheit bzw. die Äquivalenz von Satzstrukturen durch konstruktive Modellierung in einer logisch-mathematisch orientierten Theoriesprache zu beschreiben wäre. Die Grammatiktheorie soll dadurch an den Entwicklungsstand der theoretischen und methodologischen Prinzipien von moderner Logik, Mathematik, allgemeinen Strukturwissenschaften und der Wissenschaftstheorie angepaßt werden. Im Hintergrund dieses Prozesses stehen zweifellos, unabhängig vom Dafürhalten einiger Protago-

[1] Der Beitrag fußt zu einem großen Teil auf meiner Arbeit: Hermeneutik und materialistische Dialektik bei der Untersuchung sprachlicher Tätigkeit, in: Linguistische Studien, Akademie der Wissenschaften der DDR, Zentralinstitut für Sprachwissenschaft, Reihe A (im folgenden: LS/ZISW/A), H. 74, Berlin 1981.

nisten, theoretische und praktische Anforderungen der wissenschaftlich-technischen Revolution. Ihnen vermochte der deskriptivistische Ansatz nicht mehr zu genügen. Das neue Konzept entsprach den erkenntnistheoretischen Postulaten des kritischen Rationalismus.

Die Kritik seitens marxistischer Linguisten erstreckte sich auch auf die generative Transformationsgrammatik. Dies geschah, zum Teil schon aus innerdisziplinären Gründen, weil spezifische Idealisierungen von ihren Vertretern als notwendige Bedingungen für jede Art sprachtheoretischer Arbeit ausgegeben wurden und weil es in ihr eine gewisse Kontinuität im Hinblick auf die Abkehr von der Realität der gesellschaftlichen Sprachausübung und der damit verbundenen Variabilität und Differenziertheit der Sprache gab. Es war möglich, die generative Transformationsgrammatik einer strukturalistischen Grundhaltung bzw. Denkweise zu subsumieren. Wesentliche Interessen einer praxisorientierten marxistisch-leninistischen Sprachwissenschaft konnten nicht abgedeckt werden, wenn dem generativistischen Ansatz ein universaler Anspruch zugestanden wurde. Dazu kam bei dem Begründer der generativen Grammatik und einigen Vertretern ein metatheoretischer und weltanschaulicher Kontext, der biologistische und rationalistische, apriorische Positionen deutlich auswies.

Seit dem Ende der sechziger Jahre und dem Anfang der siebziger Jahre mehren sich Angriffe, die von soziolinguistischen und pragmalinguistischen Richtungen aus nunmehr gegen die generative Transformationsgrammatik vorgetragen werden. Dies sind Richtungen, die die Abhängigkeit sprachlicher Merkmale von gesellschaftlichen Strukturen und Vorgängen untersuchen bzw. sprachliche Äußerungen als Formen oder im Zusammenhang interaktionalen Handelns beschreiben. Sie attackieren die generative Linguistik gerade wegen ihrer theoretisch und methodologisch motivierten Gegenstandsreduktionen. Diese werden auf einen am Modell der Naturwissenschaften orientierten Szientismus zurückgeführt, der den Besonderheiten sozialwissenschaftlicher Gegenstände nicht gerecht werde. Das Bestreben, diese Reduktionen zu überwinden, wird als „pragmatische Wende in der Sprachbetrachtung" bezeichnet.[2]

An dieser Wende haben Vertreter ganz unterschiedlicher theoretischer und weltanschaulicher Richtungen Anteil. Eine dieser Richtungen bezieht in ihre Kritik am Szientismus auch die sogenannte Sprechakttheorie mit ein, die sich selbst als eine Theorie gewisser Grundformen sprachlichen Handelns begreift. So beschreibt Ch. Stetter „die Sprechakttheorie als Vollendung eines syntaktischen Sprachbegriffs".[3] „Die Theorie ‚illokutiver Akte' als eine Explikation der pragmatischen Dimension sprachlichen Zeichengebrauchs zu interpretieren, stellt den wahren

[2] S. Kanngießer, Spracherklärungen und Sprachbeschreibungen, in: Wissenschaftstheorie der Linguistik, hrsg. von D. Wunderlich, Kronberg/ Ts. 1976, S. 126; vgl. auch: G. Helbig, Zur Stellung und zu Problemen der Textlinguistik, in: Deutsch als Fremdsprache, 5/1980, S. 258.

[3] Ch. Stetter, Grundfragen eines transzendentalhermeneutischen Sprachbegriffs. Zur Konzeption einer historisch-pragmatischen Linguistik, in: Erkenntnistheoretische Grundfragen der Linguistik, hrsg. von L. Jäger, Stuttgart-Berlin (West)-Köln-Mainz 1979, S. 58.

Sachverhalt auf den Kopf. Vielmehr werden ... in diesem Modell die der grammatischen Tradition immer schon inhärenten ‚Dimensionen' von Syntax und Semantik im Begriff des ‚propositionalen Aktes' ... gerade konserviert und der ‚pragmatische' Restbestand ... in (einem) szientifischen Verstehensbegriff in diese aufgelöst."[4] Aus dieser Sicht erscheint auch die Sprechakttheorie nur als eine additive, konventionalistisch bestimmte Ausdehnung des szientistischen Denkmusters. Im erklärten Gegensatz dazu wird nunmehr ein Anschluß an geistesgeschichtliche, philologische und spekulative philosophische Traditionen gesucht.

Die Krisensymptome, die sich Ende der sechziger, Anfang der siebziger Jahre in der Praxis und im allgemeinen Bewußtsein der imperialistischen Gesellschaft verstärkten, führten dazu, daß auch innerhalb der Linguistik andere Gesichtspunkte thematisiert werden, als sie ein isoliert gesehener, idealisierter Fortgang der wissenschaftlich-technischen Revolution aufwarf, der unabhängig von den realen gesellschaftlichen Bedingungen reflektiert wurde.

Die marxistisch-leninistischen Linguisten sehen sich dadurch in der Situation, daß sie bei ihrer Auseinandersetzung mit den weltanschaulichen und theoretischen Voraussetzungen der generativen Transformationsgrammatik und der Sprechakttheorie eine unerbetene partielle Bundesgenossenschaft finden, die an vielen Punkten in scharfsinnigen Argumentationen Begrenztheiten und innere Widersprüche der kritisierten Richtungen herausarbeitet und sich bemüht, Gegenpositionen aufzubauen. Das ist eine der scheinbaren Paradoxien, die sich immer wieder aus den wechselnden Konstellationen in dem theoretischen und methodologischen Pluralismus der bürgerlichen Ideologie ergeben.

Solche scheinbaren Paradoxien gehen aus der objektiven Dialektik des Geschichtsprozesses hervor, in dem die verschiedenen Richtungen der bürgerlichen Theorieproduktion bereit stehen, einander zu überholen, um den ideologischen Vorlauf für die jeweils nächste Etappe in der Entwicklung des Gesellschaftssystems bilden zu können. Dabei wechseln sie ihren relativen Stellenwert im Verhältnis zur objektiven Tendenz der Entwicklung.

Bei einer wissenschaftsgeschichtlichen Betrachtung der Linguistik wird die Erinnerung an eine Parallele zur geisteswissenschaftlichen Kritik des Strukturalismus unabweisbar.[5] Dabei ergab es sich, daß beim Übergang zum Imperialismus gegen Ende des 19. Jahrhunderts bestimmten Vertretern des alten Positivismus die Rolle eines Dammes gegen den Irrationalismus zufiel.[6] Die berühmte sprachwissenschaftliche Schule der Junggrammatiker, die im letzten Viertel des 19. Jahrhunderts ihr imposantes Forschungsmuster errichtete, war in vieler Hinsicht blind gegenüber der sozialen Realität ihrer Zeit und erkannte, wie der Vergleich mit den ge-

[4] Ebenda, S. 61.

[5] Vgl. R. Růžička u. a., Das Verhältnis von allgemeiner Methodologie und Methodologie der Linguistik, in: Theoretische und methodologische Fragen der Sprachwissenschaft ..., in: LS/ZISW/A, H. 62/I, Berlin 1979, S. 95 ff.

[6] Vgl. auch R. Rosenberg, Studien zur Geschichte der Germanistik – Literaturgeschichtsschreibung (1830–1918), im Druck.

nialen Entwürfen F. Engels' zeigt,[7] die wirklichen Triebkräfte sprachgeschichtlicher Entwicklungen nicht. Gleichwohl sind die rationalen Prinzipien ihrer Forschungstätigkeit aus der Geschichte der Sprachwissenschaft nicht wegzudenken und gehören zum bleibenden wissenschaftlichen Erbe. Ihr Bezug auf die in den Individuen angesiedelten physiologischen und psychologischen Voraussetzungen der Sprechtätigkeit, ihr Festhalten an den Gedanken der Gesetzmäßigkeit und der Kausalität sprachlicher Veränderungen, ihr Streben nach kontrollierbaren Methoden erscheinen heute als große Leistungen liberalen und rationalen Denkens gegenüber der Beschwörung geistiger Kräfte und völkischer Seele. Auch die analytische Klarheit der vom soziologischen Positivismus beeinflußten methodologischen Dichotomien des Schweizer Linguisten F. de Saussure bildete ein vielfältig wirkendes Korrektiv gegenüber der irrationalistischen Tendenz in verschiedenen Spielarten idealistischer Spekulation in der europäischen und deutschen Sprachwissenschaft zwischen den beiden Weltkriegen.

Eine ähnlich widersprüchliche Situation besteht auch in der gegenwärtigen bürgerlichen Linguistik, insbesondere in der BRD. Sie erfordert im Hinblick auf die ideologische Bewertung sorgfältige, differenzierte Analysen. Die Sprachwissenschaft ist nur ein Ideologieproduzent im zweiten Glied,[8] und es gibt in ihrer Entwicklung eine gewisse Kontinuität bei der Aufklärung logisch notwendiger Objekteigenschaften von wechselnden Zugängen her, bei der ständig relative Wahrheit produziert wird. Ihr Objekt ist, obwohl es zweifellos einen legitimen und wichtigen Gegenstand der Gesellschaftswissenschaften bildet, auch durch gewisse anthropologische und soziokulturelle Konstanten gekennzeichnet, deren Aufdeckung nicht an eine bestimmte weltanschauliche Grundorientierung gebunden ist.

Gleichwohl werden weltanschauliche Grundorientierungen bei der Bewertung und Auswahl der Gesichtspunkte, unter denen das Objekt untersucht wird, auch in ihr wirksam. Die Ergebnisse der Untersuchungen tragen wiederum zur Untermauerung weltanschaulicher und gesellschaftspraktischer Positionen bei.

Solche Zusammenhänge müssen bei der Erörterung der „pragmatischen Wende“ ohne Zweifel berücksichtigt werden. Bis zum Anfang der sechziger Jahre hatten die analytischen Sozialwissenschaften ihren Gegenstandsbereich und ihren Einfluß auf das theoretische und methodologische Denken ständig erweitert. Dieser Tendenz unterlag auch die Sprachwissenschaft, die in einem großen Umfang kybernetische, informationstheoretische, logisch-semiotische und mathematisch-logische Gesichtspunkte und Verfahrenselemente aufnahm. Diesem theoretischen und methodologischen Denkmuster waren die spezifischen Inhalte und die aktive Funktion des Bewußtseins weitgehend entzogen, insbesondere auch bei der Untersuchung der sprachlichen Tätigkeit. Es wurde nur soweit problematisiert, als Endzustände

7 Vgl. besonders: F. Engels, Anmerkung: Der fränkische Dialekt, in: Karl Marx/Friedrich Engels, Werke, Bd. 19, Berlin 1962, S. 494–518.

8 Vgl. M. Lang, Thesen zur Wissenschaftsentwicklung der Linguistik, in: Wissenschaftstheorie der Linguistik, hrsg. von D. Wunderlich, a. a. O., S. 282 ff.

objektiven Verhaltens nicht kausal aus den natürlichen Voraussetzungen und den objektiven Bedingungen ableitbar waren.

Das Ende der sechziger, Anfang der siebziger Jahre wachsende Krisenempfinden erschütterte den szientistischen Optimismus weitgehend. Eine naturwissenschaftlich fundierte, gleichsam technologische Beherrschung der gesellschaftlichen Vorgänge auf der Grundlage beobachtbarer oder rekonstruierbarer allgemeiner Regularitäten sozialen Verhaltens erschien als ein nicht mehr in der erforderlichen Zeit erreichbares bzw. prinzipiell unerreichbares Ziel.

Eher erfolgversprechend erschien ein Ansatz bei den subjektiven Bedingungen des Agierens der Individuen in bestimmten typischen Situationszusammenhängen. Für einen kurzfristigen Eingriff in diese Sphäre boten scharfe und enge Gegenstandsbegrenzungen und hochgradige Idealisierungen grundlegender Beziehungen offensichtlich nicht genügende Möglichkeiten. Das allgemeine Paradigma der Humanwissenschaften wurde deshalb auf eine neue Weise interessant. Gefragt waren methodische Mittel, sich die Voraussetzungen, Einstellungen und Intentionen der Interagierenden zugänglich zu machen und möglichst gleichzeitig ihre Variabilität in Abhängigkeit von vielfältigen, ihre Erscheinungsform wechselnden, zum Teil singulären Umständen.

In diesem Zusammenhang bot sich auch die Kategorie des hermeneutischen „Verstehens“ als ein von der philologischen und philosophischen Tradition und ihren theologischen Nebensträngen bereitgestelltes klassisches Instrument an. Damit traten natürlich auch die Sprache und mit ihr die wissenschaftliche Disziplin, die sie zum Gegenstand erhebt, auf eine neue Weise in die Aufmerksamkeit allgemeiner erkenntnistheoretischer und methodologischer Untersuchungen ein. Mit der Sprache wurde nicht nur ein Gegenstand des Verstehens repräsentiert, der wegen der Vielfalt und Kompliziertheit der in faktisch unendlichen Kontexten auftretenden Strukturen und Funktionen beispielhaft war, sondern sie gehörte offensichtlich auch zu den Voraussetzungen des Verstehens.

Natürlich wurde auch die Sprachwissenschaft selbst von dieser Tendenz betroffen. Wir werden noch sehen, wie der hermeneutische Ansatz bei einer Reihe spezifischer linguistischer Probleme versagt. Zunächst haben wir zu konstatieren, daß eine Reihe vorwiegend jüngerer Linguisten mit deutlichen Interessen für soziolinguistische, pragmalinguistische und texttheoretische Fragestellungen bestrebt war, hermeneutische Gesichtspunkte auf ihre Produktivität hin zu erproben.

Sie befolgten dabei vielfältige interdisziplinäre Anregungen. In eine heterogene Galerie von Anregern gehören M. Heidegger, H.-G. Gadamer, Th. W. Adorno, J. Habermas, K.-O. Apel. Auch die Soziologen A. Cicourel, G. H. Mead und A. Schütz werden herangezogen. Der späte L. Wittgenstein wird gelegentlich als Vorbereiter der Hermeneutikrenaissance gedeutet.[9]

[9] Vgl. E. Albrecht, Zur Kritik methodologischer Hauptströmungen in der BRD, in: Theoretische und methodologische Fragen der Sprachwissenschaft ..., in: LS/ZISW/A, H. 62/II, Berlin 1979, S. 34, 38 ff.

Gerade durch die Breite des Spektrums der erkenntnistheoretischen, sozial- und geschichtstheoretischen und methodologischen Gesichtspunkte, die bei einem so weit gefächerten Einzugsgebiet aufgeworfen werden, und gerade weil ein größerer Faktenzusammenhang als Gegenstand ins Auge gefaßt wird, ergibt sich an einigen Punkten eine direktere, im einzelnen oft raffiniertere Herausforderung an eine dialektisch-materialistische Methodologie der Linguistik, als sie manche Schule des Strukturalismus beinhaltete.[10]

Es handelt sich um einen Versuch, außerhalb des Marxismus-Leninismus und zum Teil im bewußten Gegensatz zu ihm, soziales Verhalten und in diesem Rahmen auch sprachliche Tätigkeit als historisches, sinndeterminiertes, sinnschaffendes und sinngelenktes, intentionales und normenbewußtes Geschehen zu erfassen. Die Grenzen der strukturalistischen Idealisierung der Sprache als eines autonomen „Objektivgebildes" eines „für sich" existierenden und so analysierbaren Systems werden dabei notwendig überschritten. Die menschliche Subjektivität und die historische Individualität von Personen, Gruppen und übergreifenden Konstellationen werden voll anerkannt, sie machen sogar das zentrale Anliegen aus. Als notwendig vorauszusetzende Intersubjektivität in kommunikativen und interaktionalen Zusammenhängen wird aber auch die Gesellschaftlichkeit der menschlichen Lebensäußerungen und ihrer inneren Voraussetzungen reflektiert.

Unter diesen Gesichtspunkten werden bei allen Äußerungen und Produkten menschlichen Handelns verwandte Probleme gesehen.

Das Problem des „methodologischen Freiraums"

Es ist nicht nur eine Angelegenheit der Methodenauswahl, die das Wesen der hermeneutischen Einflüsse in der Linguistik ausmachen. Es gibt zwar Aussagen, daß der Primat des „Verstehens" methodische Zugänge determiniere, die ein spezifisches Bild des Gegenstandes zur Folge hätten, aber bei einer eingehenden Betrachtung wird unübersehbar, daß das Gegenstandsbild von einem inhaltlichen Prinzip bestimmt wird: von der auf Intuition gegründeten Überzeugung, daß sprachliche Äußerungen Sinngebilde sind und daß Sinn eine vorwiegend subjektive Kategorie ist. Ferner spielt die Einsicht eine Rolle – die in einem oben angedeuteten Sinne paradoxerweise von der generativen Transformationsgrammatik neu bestätigt wurde –, daß sprachliche Entitäten Bewußtseinsstrukturen sind. Sie müssen demzufolge mit dem Denken und Handeln in einem Zusammenhang gesehen werden. Deshalb sind die Vertreter hermeneutischer Gesichtspunkte gegenüber den verschiedenen Richtungen der strukturalen Linguistik auf eine Erweiterung des Gegenstandsbereichs bedacht. Der Zusammenhang, in dem Sinn geschaffen und rezipiert wird und in dem sprachliche Strukturen entstehen, fungieren und sich verändern, muß bei der Gegenstandskonstitution und bei der ihr entsprechenden

[10] Ebenda, S. 36 ff.

Orientierung der Untersuchungen berücksichtigt werden. Diesem Postulat kann die semiotische Idealisierungsrichtung eines autonomen Sprachsystems bzw. die konstruktive Idealisierung eines idealen Sprecher-Hörers als eines Automaten mit uneingeschränkter, gegen alle Besonderheiten der sozialen Empirie abgeschirmter Kompetenz nicht genügen. Es ergibt sich vielmehr zwangsläufig eine Berührungsfläche mit Soziolinguistik, Pragmalinguistik, Texttheorie und Sprachgeschichte. Die historische kommunikative Praxis der Individuen in der Gesellschaft zeigt sich als umfassender Gegenstand. Daraus resultiert eine ausdrückliche Kritik an dem Vorrang der Grammatiktheorie in der strukturellen Linguistik. Es wird sogar die Frage aufgeworfen, ob die Abstraktionsrichtung, die in der Geschichte des linguistischen Denkens zu dem Begriff und der ihm entsprechenden Disziplin der „Grammatik" führte, nicht zu einer Jahrhunderte währenden Fehlorientierung leitete, insofern die Grammatik dominierend wurde.[11]

Am deutlichsten konkretisiert wird diese Stoßrichtung immer wieder gegen die generative Transformationsgrammatik. „Dem Verdinglichungscharakter der generativen Grammatiktheorie wird entgegengesetzt, daß in Sprechsituationen stets ‚Sinnverstehen' notwendig sei und daß die Aufgabe der Wissenschaft darin bestehe, den Menschen solche Zusammenhänge aufzuschließen."[12] Die Verfasserin hält in diesem Zusammenhang eine Hinwendung zu hermeneutischen Positionen für unvermeidlich, jedoch kommt sie zu einer bemerkenswerten Markierung ihrer Situation. „Die Schwierigkeit, die für Linguisten entsteht, die eine kritisch-emanzipatorische Pragmatiktheorie aufbauen wollen, besteht darin, daß sie mit der Abkehr vom methodologischen Paradigma des kritischen Rationalismus in einen methodologischen Freiraum vorstoßen."[13]

Vordergründig ist damit gemeint, daß für eine linguistische Pragmatik auf Grund der Vielzahl der zu berücksichtigenden Faktoren der Grad der Geschlossenheit und Geordnetheit einer deduktiven Axiomatik nicht erreichbar ist. Denn die Parameter dieser Faktoren sind oft von weiteren Besonderheiten, zeitlichen, räumlichen und sozialen Umständen des Handelns abhängig, sie sind, nach einem typischen Ausdruck aus den philosophischen und wissenschaftstheoretischen Quellen, *kontingent*. Im weiteren geht es aber auch darum, daß eine Reihe jüngerer kritischer Wissenschaftler, die in der Abstraktion der generativen Grammatiktheorie von der Empirie der sozialen Sprachausübung einen grundsätzlichen Mangel sahen und die nach einer höheren gesellschaftlichen Verbindlichkeit ihrer Arbeiten strebten, sich in der Gefahr sah, vorherrschenden Maßstäben für Wissenschaftlichkeit nicht zu genügen. In dieser Situation boten die philosophische Hermeneutik und ihr Vorlauf

[11] Vgl. Ch. Stetter, Grundfragen eines transzendentalhermeneutischen Sprachbegriffs. Zur Konzeption einer historisch-pragmatischen Linguistik, in: Erkenntnistheoretische Grundfragen der Linguistik, hrsg. von L. Jäger, a. a. O., S. 45, 46 f. u. ö.

[12] H. Andresen, Das Problem der Datenerhebung und der empirischen Bestätigung linguistischer Theorien, in: Methodologie der Sprachwissenschaft, hrsg. von M. Schecker, Hamburg 1976, S. 134.

[13] Ebenda, S. 135.

in Philologie und Theologie nicht nur ein gewisses Arsenal methodischer Erfahrungen und allgemein orientierender Gesichtspunkte, sondern auch eine ausdrückliche Legitimation für ein nicht formal-logisches, von direkten Zwängen zur Definition und Explikation befreites, weiträumige Zusammenhänge aufsuchendes Arbeiten. Dabei war es außerdem möglich, sich an eine lange, in den Ursprüngen bis auf die Antike zurückreichende kontinental-europäische Wissenschafts- und Bildungstradition anzuschließen, deren Werte durch den Rigorismus des prozeduralen Denkens und den Reduktionismus der in den USA zur Vorherrschaft gelangten neopositivistischen Schulen offensichtlich mißachtet oder nicht ausgeschöpft wurden.

Den Linguisten, die mit ihren Arbeitsergebnissen zur gesellschaftlichen Veränderung beitragen wollten, erschienen quasi-naturwissenschaftliche und logisch-mathematische Methoden als nicht adäquat. Sie stimmten nicht zu dem Bild, das sie sich von ihrem Gegenstand machten: dem sprachlichen Verhalten der Menschen im gesellschaftlichen Geschichtsprozeß. „Die Objekte, über die sozialwissenschaftliche Theorien etwas aussagen sollen, nämlich Menschen, sind lernfähig. Insofern kann man nicht davon ausgehen, daß ‚Verhaltensgesetze' unabänderlich befolgt werden. Sozialwissenschaftliche Theorien können selbst zu Verhaltensänderungen beitragen. Zum Beispiel dann, wenn sie den Menschen Aufschluß über ihr Verhalten vermitteln und das Wissen davon zu (bewußten oder unbewußten) Verhaltensänderungen führt. Diese Eigenschaft der Objekte sozialwissenschaftlicher Theorien unterscheidet sie grundsätzlich von naturwissenschaftlichen Theorien ...".[14] Ob die Rigidität dieser Unterscheidung berechtigt ist, lassen wir an diesem Ort noch dahingestellt sein. Aber mit Recht wird zweifellos die Bewußtseinsorientierung alles gesellschaftlichen und somit auch des sprachlichen Handelns betont. In die Voraussetzungen dieses Handelns können durch Kommunikation und Metakommunikation auch sprachlich fixierte wissenschaftliche Erkenntnisse eingeführt werden. In diesem Rahmen kann auch die Linguistik dazu beitragen, ihr Objekt zu verändern. Die Sprachwissenschaft hat demzufolge einen umfassenden, außerordentlich vielgestaltigen Rückbezug auf die Gesellschaftspraxis. Jedoch folgt daraus nicht die logische Notwendigkeit einer transzendentalhermeneutischen Position. Der „methodologische Freiraum" ergibt sich vor allem deshalb, weil die hermeneutisch beeinflußten Linguisten in der Topik des Diskurs- und Konsensmodells verbleiben. Auch der offensichtliche soziale Dissens soll in dieser Vorstellungswelt per Veränderung durch das kritisch-emanzipatorische „Sprachspiel" der Kommunikation von linguistischen Untersuchungsergebnissen zum Konsens, zur hermeneutischen „Einstimmung" gebracht werden. Der Konsens und seine vielen begrifflichen Transformationen in der Richtung auf „Konvention", „Norm", „Gebrauchsbedingung" u. a. werden auch zum Universalschlüssel für die Behandlung von linguistischen Einzelfragen.

[14] Ebenda.

Damit werden die allgemeinen Vorgaben der philosophischen und wissenschaftstheoretischen Anreger befolgt. Unter ihnen nimmt neben J. Habermas K.-O. Apel eine hervorragende Stelle ein. Von ihm wird eine fundamentale Rolle der Sprache für die Erkenntnis und das Handeln in der Gesellschaft stark betont. Sie bildet bei ihm „eine transzendentale Größe im Sinne Kants".[15] Davon ausgehend postuliert er einen „transzendentalhermeneutischen Begriff der Sprache".[16] Dieser ist beileibe nicht primitiv. Anders als die sogenannten szientistischen Reduktionen läßt er Raum für die Variabilität und Flexibilität, die Anpassungsfähigkeit und Einstellbarkeit der in der Sprache gegebenen Voraussetzungen an und auf die Bedingungen des Geschichtsprozesses. Dadurch bekommt dieser Sprachbegriff von vornherein einen pragmatischen Aspekt. Die fundamentalen Komponenten der linguistisch etablierten, grammatisch orientierten Sprachauffassung, Syntax und Semantik, erhalten dabei einen vermittelnden Status. Sie rücken ein in die Reihe der „Vermittlungsmomente im Umweltverhalten der Menschen".[17] Apel verarbeitet hier konsequent Gesichtspunkte des Begründers der pragmatistischen Zeichenauffassung, Ch. S. Peirces.

In der Auseinandersetzung mit der natürlichen und gesellschaftlichen Umwelt erweist sich nun nach Apel, der hier auch auf H.-G. Gadamer zurückgeht, eine Eigenschaft der Sprache als zentral, die von der logisch-analytischen Richtung durch die Unterscheidung der semantischen Stufen bzw. durch deren grundlegende funktionale Differenzierung zwischen Objektsprache und Metasprache völlig konträr behandelt und dadurch verdunkelt wird. Es handelt sich um die Selbstreflexivität. Nach Apel ist sie ein „Ausdruck ein und derselben Reflexivität der menschlichen Vernunft; diese ... muß mit Hilfe der Sprache an der Welt-Deutung und mit Hilfe der Weltdeutung am Aufbau des semantischen Systems der Sprache arbeiten".[18] Diese im Grunde pragmatische, aber in generellen Zügen der semantischen und syntaktischen Struktur verfestigte Eigenschaft wird in vieler Hinsicht zum Angelpunkt der hermeneutischen Sprachauffassung. Sie wird zum Urbild des „hermeneutischen Zirkels" erhoben: „... mit der Erlernung *einer* Sprache ... (wird) zugleich so etwas wie *das* Sprachspiel – bzw. *die* menschliche Lebensform – erlernt ...: es wird nämlich prinzipiell die *Kompetenz* zur Reflexion der eigenen Sprache bzw. Lebensform und zur Kommunikation mit allen anderen Sprachspielen miterworben."[19] Der Anklang an L. Wittgenstein, der an dieser Stelle gegeben wird, bedeutet keine Identifizierung. Indem Apel den Begriff „Sprachspiel" aufnimmt

[15] K.-O. Apel, Transformation der Philosophie, Bd. 2: Das Apriori der Kommunikationsgemeinschaft, Frankfurt am Main 1976, S. 333.

[16] Ebenda.

[17] K.-O. Apel, Transformation der Philosophie, Bd. 1: Sprachanalytik, Semiotik, Hermeneutik, Frankfurt am Main 1976, S. 156.

[18] K.-O. Apel, Transformation der Philosophie, Bd. 2, a. a. O., S. 344.

[19] Ebenda, S. 347.

und auf seine Ausdehnungsfähigkeit hin prüft, erweist er dessen ursprüngliche Armut. Für Apel bildet das eigentliche Problem das sprachvermittelte „Spiel", Sprachspiele zu spielen. Denn aus dem nach Apel „transzendentalen" Sprachspiel ergibt sich, wie er phänomenologisch richtig feststellt, zum einen die Möglichkeit schöpferischer Sprachveränderung und zum anderen – der wissenschaftlichen Reflexion der Sprache, und das heißt, auch der Sprachwissenschaft. Aus dieser Sicht erweist sich somit die Sprachwissenschaft als pragmatisch determiniert. Die Semantik ihrer theoretischen Begriffe und methodischen Regeln ist eine aspektabhängige Kondensation speziellen reflexiven Sprachgebrauchs. Radikalisiert man diesen Ansatz im Hinblick auf den rationalen Kern, so könnte man sagen: als Theorie geht sie aus der gesellschaftlichen Praxis hervor und ist mit ihren Applikationen wiederum auf diese orientiert.

Auch an diesem Punkt erweist sich die Bedeutsamkeit der Parteilichkeit. Denn genau diese Schlußfolgerung im Hinblick auf die wissenschaftstheoretische Fundierung der Sprachwissenschaft zieht Apel nicht. Aus der Perspektive der philosophischen Transzendentalhermeneutik ergibt sich schon bei der Einordnung der Sprache in den gesellschaftlichen Lebensprozeß eine tiefgehende, unüberbrückbare Divergenz zu den marxistisch-leninistischen Positionen. Die Sprache, deren vielfältige Eigenschaften so nachdrücklich betont werden und deren generelle Werterhöhung im Vergleich zur Haltung des Neopositivismus so anziehend auf viele Linguisten wirkt, wird als generelle Voraussetzung des praktischen Verhaltens in der Welt und deren Erkenntnis im Vollzug des Verhaltens betrachtet. Mehr noch, durch die Sprache werden die Erkenntnis und das sie umfassende Verhalten und mit diesem die Welt als eine erkennbare und durch menschliches Erkennen und Verhalten strukturierte eigentlich erst konstituiert. Man kann folgern, die Sprache rangiert als Vorbedingung alles erkennenden und bewußten Daseins: sie sei die Trägerin eines universell orientierenden „Vorverständnisses". Es geht Apel um „die Thematisierung der Sprache als eines nicht hintergehbaren – wenn schon rekonstruierbaren – Verstehensaprioris ...".[20] An der hier angedeuteten Aufgabe der Rekonstruktion hätte die Linguistik teilzunehmen.

Apel verficht im Vergleich zu Vertretern der traditionellen Hermeneutik eine besondere Variante. Der Aspekt der interindividuellen Verständigung, in die schon bei H.-G. Gadamer die in der geschichtlichen Überlieferung liegenden Voraussetzungen und Gegenstände mit einbeschlossen werden, wird als Konsozialisierung und Interaktionalisierung im Sinne moderner bürgerlicher Gesellschaftskonzeptionen stärker hervorgehoben. Die Kommunikationsgemeinschaft als eine Verständigungs-, sprich: „Verstehens"- oder Interpretationsgemeinschaft wird bei ihm der Motor der sinnschaffenden und -aufsuchenden Vorgänge. Dabei betonte er, „daß das Apriori der argumentativen Verständigung ... eine ausgezeichnete Stellung innerhalb der transzendentalhermeneutischen ‚Vorstruktur' des Verstehens einnimmt. Alle übrigen ... Voraussetzungen der realen Verständigung ... müssen

[20] K.-O. Apel, Transformation der Philosophie, Bd. 1, a. a. O., S. 25.

prinzipiell dem *Apriori der Argumentation* bzw. der *Argumentationsgemeinschaft* untergeordnet werden ...".[21] Er folgert daraus, „daß die Existenz einer Kommunikationsgemeinschaft die Voraussetzung aller Erkenntnis in der Subjekt-Objekt-Dimension ist und daß die Funktion dieser Kommunikationsgemeinschaft selbst – als intersubjektive Metadimension zur objektiven Beschreibung und Erklärung von Weltdaten – zum Thema wissenschaftlicher Erkenntnis werden kann und muß".[22] Wir versagen uns, an dieser Stelle auf den sozialutopischen Inhalt dieser Postulate einzugehen. Allerdings möchten wir darauf hinweisen, daß er bei der sozialtheoretischen Begründung der Wissenschaft eine ebenso große Rolle spielt wie in der internen wissenschaftstheoretischen Reflexion der sozialen Stellung der Wissenschaftler. Wir wollen statt dessen herausstellen, daß hier zwar vordergründig auf die als logisch notwendig betonte Gesellschaftlichkeit aller Erkenntnisprozesse hingewiesen wird, daß diese aber von den objektiven Bedingungen im materiellen Reproduktionsprozeß der Gesellschaft abgelöst werden. Somit bleibt auch die Kommunikations- bzw. Argumentationsgemeinschaft als eine von bürgerlichen Positionen her vollzogene, interessenabhängige Idealisierung der Gesellschaftlichkeit eine nicht „hintergehbare", das heißt nicht rational erklärbare, nicht auf die Erkenntnis objektiver Determinanten zurückführbare Größe. Somit wird sie ein im bürgerlichen Sinne parteilicher Begriff. Sie wird zum konsenstheoretischen Vehikel für die Erklärung des Überindividuellen im Verstehensprozeß und in seinen inneren Voraussetzungen.

Sind somit die Kommunikationsgemeinschaft und die Sprache als ihr die Erkenntnisergebnisse mitstrukturierendes Medium solcherart nicht transzendierbar, so wird das methodische Problem zentral, wie wissenschaftliche Reflexion einen Ansatzpunkt gewinnen kann, um beide zum Gegenstand zu machen. Dieses Problem wird von einigen Autoren geradezu zu einer wissenschaftstheoretischen Aporie der Linguistik zugespitzt. Die Sprachwissenschaft wird als ein Verstehensprozeß im Hinblick auf die Eigenschaften von Sprache gedeutet, der von einem Vorverständnis abhängig ist, das wiederum in der Sprache fixiert ist. Damit ist die Denkfigur des „hermeneutischen Zirkels" abermals umrissen. „Die im Sprachvermögen internalisierten begrifflichen Unterscheidungen, Analogien, Regeln der Verknüpfung von Einheiten usw. bestimmen durch ihre spezifische Form, was auf ihrer Grundlage gefragt, gedacht, artikuliert werden kann – ja sie legen darüber hinaus sogar den Spielraum ihrer eigenen Modifizierbarkeit fest."[23] Die dialektische Einheit von Sprache und Denken, die hier anvisiert und auch im Hinblick auf das wissenschaftliche Denken über die Sprache geltend gemacht wird, ist einseitig unter dem Gesichtspunkt des Zusammenhangs gesehen und damit im Sinne der „Zirkelstruktur" der Hermeneutik als von außen unhintergehbar dargestellt.

[21] Ebenda, S. 62.

[22] K.-O. Apel, Transformation der Philosophie, Bd. 2, a. a. O., S. 114.

[23] Ch. Stetter, Grundfragen eines transzendentalhermeneutischen Sprachbegriffs. Zur Konzeption einer historisch-pragmatischen Linguistik, in: Erkenntnistheoretische Grundfragen der Linguistik, hrsg. von L. Jäger, a. a. O., S. 51.

Mit der Vernachlässigung des Aspektes der Gegensätzlichkeit wird nicht nur die Frage nach entwicklungsbestimmenden Widersprüchen im Bereich des Gegenstandes aufgegeben, sondern auch die Möglichkeit einer unterscheidenden Spezifikation, die zu einer schärferen theoretischen und methodologischen Fassung des Gegenstandes führen könnte.

Nun ist allerdings mit einer Feststellung eines nichthintergehbaren Zusammenhangs, auch in den Augen der Vertreter der hermeneutischen Richtung, der Wissenschaft nicht ausreichend gedient. Die Sprachwissenschaft muß Angaben über Strukturen und Funktionen eines spezifischen analysierbaren Gegenstandes und deren jeweilige Entwicklung machen können, wenn sie ihre Existenz als selbständige Disziplin im gesellschaftlichen Reproduktionsprozeß rechtfertigen will. Sie braucht also einen theoretischen und methodischen Ansatzpunkt, um den Begriff „Sprache" überhaupt erst einmal aus dem ganzheitlichen Zusammenhang des menschlichen Lebens abheben zu können.

Das soll ganz im Sinne der traditionellen und neueren philosophischen Hermeneutik die „Teilnehmerperspektive" bzw. die „teilnehmende Beobachtung" leisten. „In jedem Fall setzt ... Reflexion, die uns ‚fremden Sinn' erschließt, die praktische Teilhabe des reflektierenden Subjekts an bestimmten ‚Sprachspielen' voraus."[24] Es wird auch gesagt, daß „die kommunikative Erfahrung als Begründungsinstanz sprachwissenschaftlicher Erkenntnis" gelte.[25] Damit wird auf eine nichtempiristische Weise die Bedeutung der sozialen Empirie und ihrer Geschichte für die Linguistik in Erinnerung gebracht. Für den Prozeß der Konstitution der diesem Ansatz entsprechenden Daten werden Verfahrensweisen der „verstehenden Soziologie" herangezogen.[26]

Die Erinnerung an die Erfahrung der Kommunikation ist eine methodologisch nicht unwichtige Antwort auf den Apriorismus innerhalb der Strömungen der logischen Sprachanalyse und des kritischen Rationalismus, die unterstellen, ein Netzwerk deduktiv abgeleiteter Begriffe oder eine Technik der Beispielkonfrontation könnte die Eigenschaften eines verdinglicht vorgegebenen gedachten Objekts schrittweise und approximativ abbilden. Die untersuchten Zusammenhänge werden im Vergleich dazu ausgeweitet und dynamisiert. Auch die Aktivität der die Zusammenhänge herstellenden Erkenntnissubjekte bleibt ein konstant wirksamer Faktor in der ständig erneuerten Subjekt-Objekt-Dialektik während jeder Phase der Untersuchung. Dadurch wird auch der Erwerb sprachlicher Normen und Regeln als das Hineinfinden in einen ganzheitlichen Zusammenhang von Handeln und Kommunikation, der die historische Überlieferung einschließt, im Prinzip als gesellschaftlicher Aneignungsprozeß von der Oberfläche her richtig markiert.

[24] Ebenda.

[25] L. Jäger, Über die Notwendigkeit einer erkenntnistheoretischen Selbstreflexion der Linguistik, in: ders. (Hrsg.), Erkenntnistheoretische Grundfragen der Linguistik, a. a. O., S.18.

[26] Vgl. J. Dittmann, Metapsychologie und linguistische Methodologie, in: Gegenstand und Wahrheit. Sprachphilosophische und wissenschaftstheoretische Grundlagenstudien zur Linguistik, hrsg. von J. Dittmann, R. Marten, M. Schecker, Tübingen 1976, S. 99.

Im einzelnen soll die „teilnehmende Beobachtung" als die methodologische Kategorie fungieren, die es ermöglicht, das allgemeine Vorverständnis zu präzisieren, das aus der Teilhabe am „transzendentalen Sprachspiel" resultiert, und die über Erfahrung den Zugang in die Voraussetzungen spezieller „Sprachspiele" eröffnet. Dabei ergibt sich natürlich die Frage, wie sich der Forscher methodisch bewußt von der eigenen Teilnahme abheben und den Kommunikationsprozeß und seine Voraussetzungen als Gegenstand vor sich bringen kann. Das heißt, innerhalb der Methode müssen „Teilnahme" und „Beobachtung" in das Verhältnis des Gegensatzes treten können. Mit Berufung auf A. Schütz und A.Cicourel wird die Lösung darin gesehen, daß „der wissenschaftliche ‚Beobachter' von Interaktion ... neben seinen ‚Erfahrungen' als alltäglich-umgangssprachlich Handelnder *auch* jene Erfahrungen in die ‚beobachtete' Interaktion einbringt, die er als Wissenschaftler gemacht hat".[27]

In dieser offensichtlich verkürzten Ableitung des gesellschaftlichen Interesses an der Untersuchung von Kommunikation und Sprache wird die Praxisdetermination der Wissenschaft in der Hinsicht verdunkelt, daß völlig offen bleibt, was in die Erfahrungen „als Wissenschaftler" eingeht. Es ist sicher nicht abwegig zu unterstellen, daß hier wieder auf den Gedanken der idealen Kommunikations- bzw. Argumentationsgemeinschaft Bezug genommen wird, die die Normen für wissenschaftliches Verhalten und die Kriterien für die Bewertung der Resultate zu setzen habe.

An dieser Frage zeigt sich immer wieder der unüberbrückbare Gegensatz bei scheinbaren Konvergenzen hermeneutisch orientierter Vertreter der Sozio-, Text- und Pragmalinguistik mit der dialektisch-materialistischen Methodologie. Sie vermeiden größtenteils den Bezug auf objektiv begründete Richtmaße, und nicht zuletzt wird die Frage nach der Gerichtetheit des historischen Prozesses umgangen, nach der gesetzmäßigen Entwicklung der Gesellschaft, die zur Ablösung der bürgerlichen Klassenherrschaft führt. Sie scheitern an der Frage der Parteilichkeit.

Dabei kommen einzelne Vertreter dem Problem nahe. Bei J. Trabant wird die Linguistik ausdrücklich an den hermeneutischen Begriffsapparat angeschlossen. Als einer speziellen Handlungswissenschaft fällt es ihr zu, die Spezifik und die Funktion des Sinns in der Kommunikation aufzuklären. Bei der Beschreibung der Sinnkonstitution folgt Trabant an vielen Punkten Apel und J. Habermas. Aber mit einer Wendung gegen dessen utopisch-apologetische Diskurskonzeption führt er aus: „Begründung von Sinn durch die Erlangung eines Konsens wäre erst in einer repressionsfreien Gesellschaft in einem Dialog von Freien real, denn nur in einer solchen hätten die Menschen ja die Bedingungen ihres Handelns selbst geschaffen ...".[28] Da diese Voraussetzung in der imperialistischen Klassengesellschaft nicht gegeben ist und nicht hergestellt werden kann, kritisiert er Habermas' Konzeption des idealen zwangfreien Diskurses als reaktionäre Verhüllung einer repres-

[27] Ebenda, S. 118.
[28] J. Trabant, Vom Sinn, in: Sprachtheorie, hrsg. von B. Schlieben-Lange, Hamburg 1975, S. 282.

siven Technik. Er nennt diesen Diskurs ein „Legitimationsschema der Herrschenden . . ., die meinen, im Dialog mit den Beherrschten die ideale Lebensform schon zu realisieren, und dabei doch nur die eigene Herrschaft absichern".[29] Die Konsequenzen aus dieser Einsicht müssen notwendig den „hermeneutischen Zirkel" sprengen. Das Problem des Sinns wird hier in den Bereich aktiven politischen Handelns und Verhaltens projiziert und damit in die Dimension des objektiven Fortschritts der Gesellschaftsgeschichte. Auf diese Weise bekommt auch das Problem der Teilnehmerperspektive seine rationale Fassung. Es geht in der Theorie-Praxis-Dialektik auf.

Vor dem Hintergrund der skizzierten Grundauffassungen versuchen einige Linguisten, hermeneutische Gesichtspunkte auch in die Theorie von Grammatik und Semantik, also von spezifischen „Vermittlungsmomenten im Umweltverhalten",[30] und in die methodologische Reflexion ihrer grammatischen und semantischen Untersuchungen zu überführen. Es wurde schon erwähnt, daß sich das Verständnis dafür, daß sprachliche Strukturen im Bewußtsein begründet sind, im Gegensatz zu dem Physikalismus des amerikanischen Deskriptivismus wieder verbreitert hatte. Dieser Umstand wurde auf eine zweifache Weise für die grammatische und semantische Forschung neuerlich methodologisch relevant. Zum einen war der Erforscher der Sprache nicht allein auf quasi-, oder besser: pseudophysikalische Untersuchungsverfahren verwiesen, nach denen er jede Segmentation von Texten oder Lautketten und jede Klassifizierung der dabei gewonnenen Abschnitte durch vorgeblich völlig objektive Prozeduren zu vollziehen hätte, die in jeder Phase kontrollierbar und im Prinzip von jedem nachvollziehbar sein sollten. Statt dessen konnte er auf Grund seiner Teilhabe an der Kenntnis der gesellschaftlich gültigen Sprachstrukturen auch auf eigene Intuition und Introspektion zurückgreifen. Deren Ergebnisse wären demnach wiederum, auf der Grundlage der Kenntnis eines anderen gesellschaftlichen normativen Wissenssystems, der Regeln von Logik und allgemeiner Methodologie, begrifflich zu explizieren und in wissenschaftliche Deskriptionen umzusetzen. Zum anderen wurden die Einheiten und Regeln der Sprache eben auf diese Weise als Gegenstände des „Verstehens" erwiesen, und damit trafen die Probleme, die mit der Erforschung von „Sinn" verbunden waren, in einem weiten Maße auch auf grammatische und semantische Sachverhalte zu.

Wir gehen an dieser Stelle nicht im einzelnen darauf ein.[31] Doch wollen wir kurz darauf hinweisen, daß dem Scharfblick der Linguisten nicht entgeht, daß der Verstehensprozeß dabei eine Besonderheit bekommt. „Linguistik geht es nicht letztlich ‚um das ad hoc-›Verstehen‹ einzelner Sprachäußerungen . . .', vielmehr ist Linguistik eine Regel-rekonstruierende Wissenschaft. Auf den Begriff der Be-

[29] Ebenda, S. 283.

[30] Vgl. K.-O. Apel, Transformation der Philosophie, Bd. 1, a. a. O., S. 156.

[31] Vgl. dazu: W. Neumann, Regel und Wissen, „Sprachspiel" und gesellschaftliche Wirklichkeit. Ein methodologiekritischer Exkurs, in: Zeitschrift für Phonetik, Sprachwissenschaft und Kommunikationsforschung, 4/1978, S. 339 ff.; ders., Hermeneutik und materialistische Dialektik bei der Untersuchung sprachlicher Tätigkeit, a. a. O., S. 52 ff., 57 ff., 65 ff.

deutung angewandt heißt das: Bedeutungsbeschreibungen qua Konventionalitätskonstituiertheit von Sprache müssen über die Analyse konkreter Kommunikationsakte verlaufen und bestehen in der Angabe typischer Gebrauchsbedingungen für sprachliche Zeichen."[32] Dieser Gedanke ist, gemessen an dem allgemeinen Ansatzpunkt der Hermeneutik, durchaus konsequent. Die lexikalischen und grammatischen Bedeutungen werden aus dem Sinn abgeleitet, indem sie als spezielle Bedingungen für den Gebrauch von Zeichen bei der Vermittlung von Sinn betrachtet werden. Diese Bedingungen sind als Konventionen zu verstehen, die sich gleichsam als Kondensationen bei der Tätigkeit der Sinnvermittlung ergeben. Damit wird wiederum die kommunikative Interaktion der Individuen in den Vordergrund gehoben. Sie gewinnt den Stellenwert einer Voraussetzung für die Festlegung der Referenz sprachlicher Strukturen auf Erscheinungen der Realität. Im Lichte der allgemeinen Vorgaben der philosophischen und methodologischen Anreger muß also die Besonderheit des Verstehensprozesses in der Linguistik wiederum das „Apriori der Kommunikationsgemeinschaft" bestätigen, die „die Voraussetzung aller Erkenntnis in der Subjekt-Objekt-Dimension ist".[33]

Auch bei den Eigenschaften der Sprache selbst suchen die methodologischen Reflexionen hermeneutisch orientierter Linguisten einen Ansatzpunkt, um aus der Teilnehmerperspektive ihren Gegenstand zu konstituieren. Wie schon erwähnt, ist dabei die Reflexivität von Sprache und Bewußtsein ein bevorzugter Ort. Auf der Grundlage dieser Reflexivität soll der Beobachter in der Lage sein, das eigene und das Verhalten anderer als Teilnehmer in der Kommunikation zu thematisieren. Er kann über Sprache sprechen und dabei zum Beispiel auch Bedeutungen – wie andere sprachliche Entitäten – in Bedeutungen fassen und zum Gegenstand der Erörterung machen.

Eine konzentrierte Darstellung der Rolle der Reflexivität für die linguistische Methodologie gibt B. Schlieben-Lange. Sie unterstreicht dabei die Kommunikationsabhängigkeit der Sprache und auch der Sprachwissenschaft als einer besonderen, geregelten Form „metasprachlicher" Tätigkeit. Insofern die natürliche Sprache auf Grund der Reflexivität als ihre eigene letzte Metasprache angesehen werden muß, wird sie auch zum Medium ihrer eigenen Weiterentwicklung, indem sie die Voraussetzungen für den gesellschaftlichen Vollzug der Veränderungen von Bedeutungen und Lautstrukturen bereitstellt. Sie verneint entschieden, daß „die Reflexivität sprachlicher Äußerungen aus der Sprachwissenschaft eliminiert werden kann".[34] In grundsätzlicher Übereinstimmung mit K.-O. Apel leitet sie auch die Möglichkeit von Sprachwissenschaft aus dieser Reflexivität ab.

Von der phänomenologischen Oberfläche her ist dieser Ansatz nicht absurd. Die Reflexivität erscheint als wichtige Voraussetzung eines gesellschaftlichen Sprach-

32 J. Dittmann, Grammatische Bedeutung und der handlungswissenschaftliche Regelbegriff, in: Methodologie der Sprachwissenschaft, hrsg. von M. Schecker, a. a. O., S. 169 f.

33 K.-O. Apel, Transformation der Philosophie, Bd. 2, a. a. O., S. 114.

34 B. Schlieben-Lange, Metasprache und Metakommunikation, in: dies. (Hrsg.), Sprachtheorie, a. a. O., S. 195.

bewußtseins, des „Sprachgefühls", das sich in der Konstitution von invarianten Bedeutungen, Festigung von Normen für lautliche Strukturen und deren Hervorbringung, gleichzeitig aber auch in der Akzeptierung von Innovationen und somit in historischen Veränderungen der entstandenen Festsetzungen manifestiert. In diesem Sinne ist die Reflexivität des Bewußtseins sogar eine Vorbedingung dafür, daß aus einem rudimentären kommunikativen Verhalten in Gestalt emotionsgesteuerter Signaläußerungen während der beginnenden gesellschaftlichen Kooperation sprachliche Einheiten und Regeln entstehen konnten. Wird dieses reflexive Sprachbewußtsein abermals reflektiert, so kann eine Sprachwissenschaft entstehen.

Daß die Reflexivität als eine Eigenschaft der Sprache und des Bewußtseins erscheint, ist leicht einzusehen. Selbst wenn Sprache nur ein Instrument oder ein Verfahren wäre, sprachunabhängig gebildete Gedanken in physikalische Ausdrucksformen zu enkodieren und daraus zu dekodieren, müßte die Wirkung dieser Eigenschaft der Reflexivität in der Struktur ihres Kodes mit vorgesehen sein. Sieht man die Sprache jedoch in einer dialektischen Identität mit dem Bewußtsein, so wird sie als eine spezielle Teilmenge von gesellschaftlich geprägten Elementen und Relationen unter dessen Strukturen und Funktionen subsumierbar. Sprachliche Tätigkeit wird dann als eine spezifische Form der Bewußtseinstätigkeit der Menschen beschreibbar, die ihre Inhalte und grundlegenden Verfahren nach gesellschaftlichen Regeln durch physiologische Prozesse in physikalischen Medien zu manifestieren vermag und gerade dadurch die Fähigkeit zur Reflexion, zur kumulativen und qualitativen Höherentwicklung und zur gesellschaftlichen Rückwirkung in die Realität erreicht. In der Phylogenese haben die Menschen aus den vorgegebenen natürlichen Bedingungen für die Abstraktivität und die Gesellschaftlichkeit ihrer Erkenntnisinhalte die Mechanismen entwickelt, diese in einer Form zu bilden, die gleichzeitig ihre äußere und innere Repräsentation und damit auch ihre Übermittlung und Überlieferung ermöglicht. Sie sind von vornherein durch das materielle gesellschaftliche Verhältnis mitbestimmt, das als Sprache in ihrem Bewußtsein verfestigt ist. Die Sprache ist eben das „praktische ... Bewußtsein".[35]

Nun muß man natürlich konsequent sein. Die hermeneutische Redeweise von der Selbstreflexivität der Sprache kann man in einer bestimmten Hinsicht als Ausdruck einer begrifflichen Hypostasierung ansehen. Mit ihr wird eine Komponente der Abbildungsfähigkeit und des generellen Abbildcharakters des Bewußtseins aus ihren Entstehungs- und Wirkungszusammenhängen herausgelöst. Das Bewußtsein, wenn es gesellschaftlich geprägt, und das heißt auch sprachlich gefaßt ist, kann den Menschen objektiviert erscheinen. Als eine Erscheinung in der Realität, die durch ihre Funktion in objektiven gesellschaftlichen Handlungen und Verhaltensakten ihre Bedeutsamkeit bei der Veränderung, und das heißt wiederum in der Entwicklung der Realität erweist, kann es seinerseits Gegenstand der eigenen Abbilder werden. Das gilt vor allem für die sprachlichen Äußerungen, die gleich-

[35] K. Marx/F. Engels, Die deutsche Ideologie, in: Karl Marx/Friedrich Engels, Werke, Bd. 3, Berlin 1973, S. 30.

sam als objektive Ereignisform von Bewußtseinsprozessen abgebildet und somit auch thematisiert, zitiert und besprochen werden können.

Damit ist aber auch klar, daß es nicht eine hypostasiert gedachte Sprache ist, die sich selbst reflektiert. Die Menschen reflektieren ihr Sprechen, und indem sie die dabei gewonnenen Erfahrungen, Einsichten und Erkenntnisse in die Voraussetzungen neuen Sprechens aufnehmen, reproduzieren sie die Sprache in einer um die Ergebnisse dieser Reflexion bereicherten Form. Insofern dieser Prozeß mit Notwendigkeit auch die Aneignung der in der Sprache bereits kondensierten historischen Erfahrungen, die ideellen Resultate der Aneignung und Umgestaltung der Wirklichkeit, die den Kontext des Sprechens bilden, und die Ingangsetzung der natürlichen Voraussetzungen einbeschließt, wird die Sprache zum Träger des von der Hermeneutik apostrophierten und hypertrophierten „Vorverständnisses" und natürlich auch zum Register der „Stile" der Verständigung.

Schlußbetrachtung

Die von einigen Linguisten der BRD in die sprachwissenschaftliche Theorien- und Methodendiskussion eingeführten hermeneutischen Gesichtspunkte lenken die Aufmerksamkeit auf Voraussetzungen und Bedingungen des sprachlich-kommunikativen Handelns, die von den verschiedenen Schulen des Strukturalismus und der generativistischen Linguistik unbewußt vernachlässigt oder auf Grund anders gerichteter theoretischer und methodologischer Intentionen aus der Theoriebildung und aus der empirischen Untersuchung eliminiert wurden. Sie erscheinen deshalb mitunter als Hinweise auf die Notwendigkeit, in der linguistischen Methodologie die Dialektik zu berücksichtigen. Nichtsdestoweniger muß aber als Fazit festgehalten werden, daß die philosophische Transzendentalhermeneutik der sechziger und siebziger Jahre unseres Jahrhunderts ein apologetischer Rückgriff aus der Krise des Neopositivismus und des kritischen Rationalismus heraus auf eine Phase relativen Aufstiegs in der Geschichte des bürgerlichen Denkens ist. Sie ist eindeutig unmarxistisch. Aus der objektiven Dialektik des ideologischen und methodologischen Pluralismus ergibt sich, daß bei ihrer Einflußnahme auf die Sprachwissenschaft dennoch produktive Aspekte zutage treten. Diese hängen damit zusammen, daß den allgemeinen Gegenstand die unbestreitbare Subjekt-Objekt-Dialektik und die Theorie-Praxis-Dialektik in der gesellschaftlichen Tätigkeit der Menschen bilden und daß bei ihrer Behandlung gewisse Elemente relativer Wahrheit erzeugt werden. Eine zureichende Erklärung dieser Fragen kann jedoch nur von den Positionen des dialektischen und historischen Materialismus her gegeben werden.

Der allgemeine Zugriff auf das „Verstehen" von Abbildgehalt und gesellschaftlicher Funktion von sprachlichen Äußerungen und der Versuch, die in der Sprache liegenden Voraussetzungen für die gesellschaftliche Erkenntnis und für die Konstitution und Rekonstruktion von „Sinn" zu erfassen, sind natürlich nicht völlig abwegig. Sie greifen allerdings im Hinblick auf die Möglichkeiten der wissenschaftlichen Untersuchung nicht weit genug aus, weil sie bei einem der Postulate bürgerlicher Wissenschaftstheorie verharren, das gerade von der hermeneutischen Richtung stark betont wurde: daß nämlich zwischen Natur- und Gesellschaftswissenschaften ein prinzipieller Gegensatz bestehe. Nach diesem Postulat ist Gesellschaftsgeschichte primär Geistesgeschichte, und das „Verstehen" ist die einzig angemessene Methode ihrer Erfassung. Die Hermeneutik kann deshalb lediglich einen gewissen Beitrag zur Ermittlung des Inhaltes der Abbilder und ihrer Funktion in geistigen Übermittlungs- und Überlieferungsvorgängen leisten. Sie versagt im Hinblick auf die Entstehungsbedingungen der Abbilder und im Hinblick auf deren Funktion in dem der Abbildung primär zugrunde liegenden materiellen Reproduktionsprozeß. Das gilt auch für ihre Behandlung der Sprache. Sie betont deren Rolle bei der subjektiven Sinnkonstitution und bei der Sinnvermittlung. Dabei entwickelt sie in mancher Hinsicht einen komplexeren Ansatz als die isolierenden, Teilbeziehungen idealisierenden Schulen der strukturellen Linguistik. Die Funktion der Sprache und das daraus resultierende Wesen der Sprache vermag sie jedoch nur bis zu der Grenze des „Apriori der Kommunikationsgemeinschaft" zu begreifen. Das heißt, was nun wiederum die Kommunikation bestimmt und in welchem Rahmen diese eine objektiv determinierte Funktion hat, kann und will sie nicht transzendieren. Die im konsenstheoretischen Denkmuster verhaftete Argumentationsgemeinschaft der Hermeneutiker schließt sich an diesem Punkt einer auch von logischen Analytikern und kritischen Rationalisten befolgten Konvention an: der Konvention des Apriori, nach der grundsätzlich nicht hintergehbar wäre, was sich dem klassendeterminierten theoretischen und methodologischen Ansatz entzieht. Deshalb bleibt die hermeneutische Richtung im Rahmen der allgemeinen positivistischen Denkweise. Obwohl nicht im engeren Sinne positivistisch, ist ihre gedankliche Grundfiguration die Isolierung eines (im einzelnen zum Teil sogar dialektisch gesehenen) Teilzusammenhangs von allen objektiven Entwicklungstendenzen, die gesetzmäßig über den Bestand der bürgerlichen Klassengesellschaft, und das heißt auch über deren Untergang hinaus auf die Perspektive der kommunistischen Gesellschaftsordnung weisen.

Namenverzeichnis

MIX
Papier | Fördert gute Waldnutzung
FSC® C083411

Kolibri 360 GmbH
Ferdinand-Jühlke-Straße 7
99095 Erfurt, Deutschland
produktsicherheit@kolibri360.de